北京理工大学"双一流"建设精品出版工程

Energy Management and Control of
New Energy Flight Vehicle

新能源飞行器
能源管理与控制

刘 莉 张晓辉 贺云涛 ◎ 著

北京理工大学出版社
BEIJING INSTITUTE OF TECHNOLOGY PRESS

内 容 简 介

本书分为 7 章。首先，介绍新能源飞行器的发展情况及其主要特点，给出新能源飞行器能源管理与控制的意义和目的；其次，介绍新能源飞行器的主要能源形式，给出能源与动力系统的组成及典型拓扑结构，提出"单独电池层、混合能源层、飞行任务层"三层次架构的新能源飞行器能源管理与控制框架；最后，构建基于该框架的实验平台，介绍相关理论，并设计相关的实验内容和实验方法。

本书既可以作为航空航天类专业本科生的教材，也可以为从事航空航天领域及其他新能源装备工作的技术人员提供参考。

图书在版编目（ＣＩＰ）数据

新能源飞行器能源管理与控制 / 刘莉，张晓辉，贺
云涛著. -- 北京：北京理工大学出版社，2023.8
　　ISBN 978 - 7 - 5763 - 2772 - 4

Ⅰ.①新… Ⅱ.①刘… ②张… ③贺… Ⅲ.①新能源
– 飞行器 – 能源管理 – 研究 Ⅳ.①V47

中国国家版本馆 CIP 数据核字（2023）第 151545 号

责任编辑:曾　仙		**文案编辑**:曾　仙	
责任校对:周瑞红		**责任印制**:李志强	

出版发行 / 北京理工大学出版社有限责任公司

社　　址 / 北京市丰台区四合庄路 6 号

邮　　编 / 100070

电　　话 / （010）68944439（学术售后服务热线）

网　　址 / http://www.bitpress.com.cn

版 印 次 / 2023 年 8 月第 1 版第 1 次印刷

印　　刷 / 保定市中画美凯印刷有限公司

开　　本 / 787 mm × 1092 mm　1/16

印　　张 / 12

字　　数 / 279 千字

定　　价 / 49.00 元

前言

随着世界范围内能源危机和环境保护问题日趋严重，新能源装备的研发和应用已经成为先进装备的重要发展方向。飞行器作为能源消耗和碳排放大户，对新能源的需求更是十分紧迫。太阳能、氢能等绿色能源因其具有储量大、效率高、无排放、无污染等优势，日益受到世界各国的重视，以太阳能和氢能等为主要能源的新能源飞行器已经成为研究热点。

自 2009 年起，本书作者开始了新能源飞行器相关技术的探索研究工作，在理论方法和试验验证等方面取得了丰富的研究成果，积累了大量的实践经验。在研究过程中，充分认识到了新能源飞行器总体设计与能源管理与控制的深度耦合特点，并深深体会到将理论与实践相结合的重要性。为了满足该领域人才培养需求，本书作者于 2015 年、2019 年将科研成果先后转化成了实践训练通识课程"绿色能源飞行器总体设计"和"新能源飞行器能源管理与控制"，研制了"新能源飞行器能源管理与控制教学实验平台"，并自编讲义和实验指导书，用于教学实践。经过几年的应用与实践，以及不断地修改和完善，最终形成了本书。

本书分为 7 章。第 1 章以新能源飞行器为对象，介绍了新能源飞行器的发展情况及其主要特点，给出了新能源飞行器能源管理与控制的意义和目的。第 2 章介绍了新能源飞行器的主要能源形式，给出了能源与动力系统的组成及典型拓扑结构，研究了飞行任务与能源系统的耦合关系，在此基础上，提出了三层次架构的新能源飞行器能源管理与控制框架，即单独电池层、混合能源层、飞行任务层。第 3 章介绍了实验平台组成与功能，给出了主要设备的认知实验。第 4~7 章，层层递进对能源原理特性和管理控制的理论方法进行介绍，并设计了相关实验内容，主要包括锂离子电池、太阳能电池、氢燃料电池等三种常用电池的基本原理与特性及测试实验、单独电池的管理与控制方法及实验、混合能源的管理与控制方法及实验、面向飞行任务的能源管理与控制方法及实验等。本书可作为新能源飞行器能源管理与控制、绿色能源飞行器总体设计等相关课程的教材以及实验指导书，也可供从事新能源飞行器工程研制和理论研究的工程技术人员以及研究人员阅读参考，还可以作为其他新能源装备理论研究和工程研制的参考书。

　　本书作者在长期的科研工作和教学实践过程中，得到了课题组同事和学生们的支持和帮助，在此感谢他们为研究方法的积累、实验系统的建设等做出的贡献。在本书的撰写过程中，还参阅了大量文献资料，在此向相关作者表示感谢。

　　限于笔者水平，书中难免有疏漏不足之处，恳请各位读者批评指正！

刘莉

2023 年 7 月

目　录
CONTENTS

第1章

绪　论

能源紧缺已经成为世界范围内的严峻问题，而传统化石燃料的污染问题也受到了越来越强烈的重视。探索新能源在装备上的应用，成为了一件亟待解决的事情。作为能源消耗的大户，飞行器需要面对能源危机和环境污染双重问题。近年来，新能源飞行器（如太阳能飞行器、氢燃料电池飞行器等电动飞行器）以其无污染、低振动、长航时等优势，得到了广泛重视和迅速发展。本章简单介绍新能源飞行器的发展情况，分析新能源飞行器的主要特点，并在此基础上给出新能源飞行器能源管理与控制的目的和意义。

1.1　新能源飞行器的发展情况

新能源飞行器的发展一直伴随着能源技术及其应用的发展不断前行，并对新能源技术的发展和应用起到驱动作用。新能源飞行器技术的发展非常迅速，取得了丰硕的研究成果，下面介绍其中几个比较典型的例子。

1. "日出"（Sunrise）系列太阳能无人机

1974 年 11 月 4 日，世界上第一架太阳能无人机"日出 1 号"（Sunrise I，图 1 - 1（a））在加利福尼亚州的 Camp Irwin 进行了 3~4 h 的低空首飞，这标志着太阳能飞机时代的来临。该无人机采用正常式布局，总重 12.25 kg，机翼上铺设了 4 096 片太阳能电池。1975年 9 月 12 日，"日出 1 号"的改进型"日出 2 号"（Sunrise II，图 1 - 1（b））进行了试飞；与"日出 1 号"相比，在相同翼展情况下，其质量减轻了 2.04 kg，并增加了 384 片太阳能电池。

(a)　　　　　　　　　　　　　　(b)

图 1 - 1　"日出"系列太阳能无人机

(a) 日出 1 号；(b) 日出 2 号

2. "太阳神"（Helios）系列太阳能无人机

美国国家航空航天局（National Aeronautics and Space Administration，NASA）和美国 AeroVironment 公司联合开展了"环境研究飞行器与传感器技术"（Environmental Research Aircraft and Sensor Technology，ERAST）项目，研制了"太阳神"（Helios）系列太阳能无人机（图 1 - 2）。2001 年 8 月 13 日，"太阳神号"创造了 29.43 km 的飞行高度纪录。

（a） （b） （c）

图 1 - 2 "太阳神"系列太阳能无人机

（a）探路者号；（b）百夫长号；（c）太阳神号

在实施第二阶段长航时任务过程中，该公司尝试将可再生的氢燃料电池用于"太阳神号"太阳能无人机（图 1 - 3（a）），采用了 18.5 kW 可再生燃料电池系统（图 1 - 3（b）），用于支持夜间飞行。

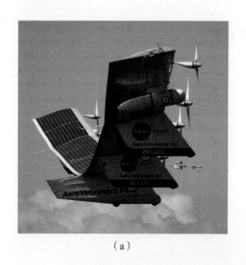 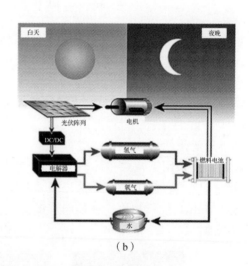

（a） （b）

图 1 - 3 "太阳神号"太阳能无人机和可再生燃料电池系统

（a）挂载储氢装置的"太阳神号"太阳能无人机；（b）可再生燃料电池系统

3. "离子虎"（Ion Tiger）系列无人机

"离子虎"（Ion Tiger）无人机是美国海军研究实验室（Naval Research Laboratory，NRL）研制的氢燃料电池无人机。该无人机采用正常式布局，总重 15.9 kg，翼展 5.2 m，采用美国 Protonex 公司开发的 550 W 轻型燃料电池。2009 年，"离子虎"无人机携带气态氢气燃料飞行 26 h，创造了当时氢燃料电池无人机的最长航时纪录；2013 年，携带液态氢燃料持续飞行 48 h，刷新了氢燃料电池无人机新的航时纪录，且保持至今。"离子虎"无人机的燃料电池动力系统布局和试飞样机如图 1 - 4 所示。

（a）　　　　　　　　　　　　　　　（b）

图 1-4 "离子虎"氢燃料电池无人机

（a）燃料电池动力系统布局；（b）"离子虎"试飞样机

2018 年，在"离子虎"无人机的基础上，NRL 开始探索氢能/太阳能混合动力的"混合虎"（Hybrid Tiger）无人机（图 1-5）。该无人机将机翼加长至 7.3 m，以增加太阳能电池的铺设面积；采用约 1 200 Wh/kg 的质子交换膜氢燃料电池和发电效率为 23% 的太阳能电池作为动力电池，并将起飞重量限制在 25 kg 以内。2020 年 11 月，"混合虎"无人机进行了超过 24 h 的飞行试验。

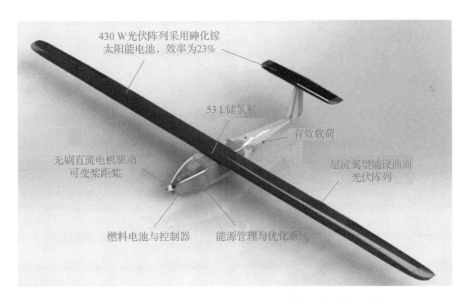

图 1-5 "混合虎"氢燃料电池/太阳能电池混合动力无人机

4. "阳光动力号"（Solar Impulse）有人驾驶太阳能飞机

2002 年 11 月 28 日，瑞士启动了"阳光动力号"项目，在与合作单位的共同努力下，先后研制了"阳光动力 1 号"和"阳光动力 2 号"有人驾驶太阳能飞机（图 1-6），这两款飞机的主要参数对比如表 1-1 所示。

（a）　　　　　　　　　　　　　（b）

图1-6　两款"阳光动力号"有人驾驶太阳能飞机

（a）阳光动力1号；（b）阳光动力2号

表1-1　两款"阳光动力号"飞机的主要参数对比

飞机型号		阳光动力1号	阳光动力2号
最大起飞质量/kg		2 000	2 300
翼展/m		63.4	71.9
机长/m		21.85	22.4
高度/m		6.40	6.37
展弦比		19.7	—
翼面积/m²		200	269
巡航速度/(km·h⁻¹)		70	90（昼），60（夜）
太阳能电池	电池片数	11 628	17 248
	峰值发电功率/kW	45	66
	发电效率/%	23	23
锂电池质量/kg		450	633
航时/h		~36	~118
实用升限/m		8 500	8 500

2009年12月，"阳光动力1号"原型机首飞；2010年7月，"阳光动力1号"实现了跨昼夜飞行，航时达26 h，其中9 h为夜间飞行；2012年，"阳光动力1号"开始跨区域飞行；2013年，"阳光动力1号"实现了横跨美国西岸到东岸的飞行。2014年6月，"阳光动力2号"在瑞士空军基地完成了第一次试飞；2015年3月，"阳光动力2号"自阿布扎比起飞，开始环绕地球一圈的飞行，其间，跨越多个大洲，途经我国的重庆和南京并短暂停留和宣传；2016年6月26日，"阳光动力2号"返回阿布扎比，完成环球飞行。

5. "西风"（Zephyr）系列太阳能无人机

"西风"太阳能无人机最早由英国国防部下属的奎奈蒂克公司（QinetiQ）研发，旨在拍摄一项"打破载人气球世界飞行高度纪录"活动，后来逐渐发展为一种高空长航时无人机。

该无人机将飞行器设计技术和能源技术巧妙结合，使其不断打破无人机持续滞空的航时纪录，成为自 2002 年至今发展最成功的太阳能无人机。图 1-7 给出了"西风"系列无人机的外形布局，表 1-2 给出了"西风"系列太阳能无人机的主要参数。正是看到了"西风"无人机的潜在能力，欧洲空中客车集团防务及航天公司于 2013 年 3 月收购了"西风"项目，优化现有设计，打造了更大尺寸的平台——"西风 8 号"（Zephyr 8）。"西风 8 号"通过对能源系统进行升级，使其航时提升到了 25 天 23 小时。升级包括：采用柔性高效三节砷化镓太阳能电池，效率为 28%，比功率超过 1 500 W/kg，面功率大于 350 W/m²；储能电池采用硅纳米线阳极锂离子电池，比能量达到 435 Wh/kg；等等。

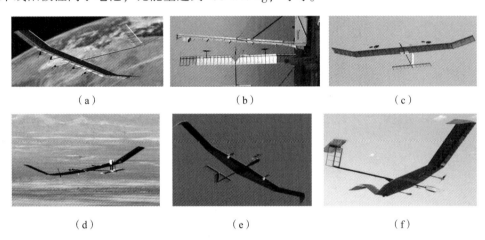

図 1-7　"西风"系列太阳能无人机

(a) 西风 3 号；(b) 西风 4 号；(c) 西风 5 号；(d) 西风 6 号；(e) 西风 7 号；(f) 西风 8 号

表 1-2　"西风"系列太阳能无人机的主要参数

型号	西风 3 号	西风 4 号	西风 5 号	西风 6 号	西风 7 号	西风 8 号
质量/kg	15	17	31	30	53	62
翼展/m	12	12	12	18	22.5	25
飞行高度/km	40（计划）	9.1	11	18.3	2.1	2
航时	—	1 h	18 h（7 h 夜）	3.5 天	14 天	25 天 23 h
载荷/kg	—	—	—	—	2.5	5
储能	—	—	锂电池	锂电池	锂硫电池	锂电池
光伏	—	—	—	—	非晶硅	砷化镓
年份	2002	2005	2006	2008	2010	2018

1.2　新能源飞行器的主要特点

目前，新能源飞行器主要采用太阳能和氢能等绿色能源作为能源，采用太阳能电池、氢燃料电池、蓄电池等作为动力电池。由于这几种电力系统具有鲜明的特点，因此新能源飞行器与传统油动力飞行器相比有了很大的区别，主要表现在以下几方面。

（1）根据新能源的电力特点，新能源飞行器一般采用电驱动模式，需要根据能源方式选配相应的电池系统及相关的安装方式。图1-8给出了一种太阳能/氢能混合能源飞行器能源与动力系统的组成。由于太阳能电池、氢燃料电池供电功率能力比较软，与传统的飞行器设计相比，要充分考虑总体布局、能源系统、飞行任务之间的耦合关系。

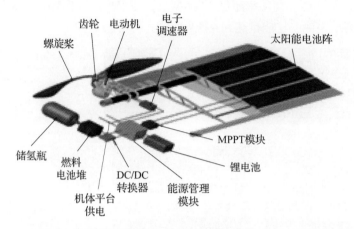

图1-8　太阳能/氢能混合能源飞行器能源与动力系统组成

（2）太阳能飞行器如果实现了跨昼夜飞行，理论上就具有了无限长时间飞行的能力。但是，采用太阳能电池作为动力电源，会遇到夜间无法供电、太阳能电池发电功率与飞行器飞行任务相关等问题。因此，需要考虑太阳能电池供电特性与飞行任务需求之间的耦合关系，对飞行剖面进行优化设计。图1-9给出了高空和低空太阳能飞行器的典型飞行剖面。

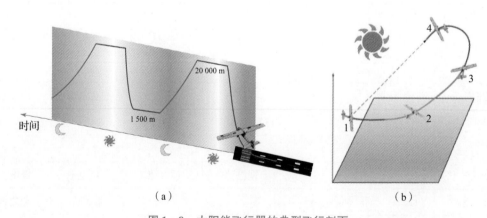

（a）　　　　　　　　　　　　　（b）

图1-9　太阳能飞行器的典型飞行剖面
（a）高空太阳能飞行器的典型飞行剖面；（b）低空太阳能飞行器的典型飞行剖面

（3）太阳能飞行器一般采用大翼展、轻质材料，这会带来严重的气动弹性问题（图1-10），因此需要综合考虑气动特性、结构特性、太阳能电池片、动力装置等特点及耦合关系，开展气动/结构/能源/动力一体化综合设计。

图 1 – 10　太阳能飞行器的气动弹性问题

（4）氢能飞行器采用氢燃料电池、气瓶等装置，如图 1 – 11 所示。为了提高能源利用率，需要充分考虑高压气瓶研制、氢燃料电池减重等问题；同时，还要考虑机身设计，以满足其容积、进气、热管理等要求；也可以考虑氢气瓶外挂模式或其他储氢方式。

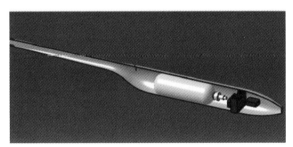

图 1 – 11　氢燃料电池特性机身设计

（5）由于新能源飞行器通常需要采用多种能源的混合模式，并且混合能源之间、能源与飞行任务之间耦合关系复杂，因此需要采用高效的能源管理与控制技术，以及能控/姿控/轨控一体化控制技术，实现飞行器系统的综合性能最优。

1.3　能源管理与控制的意义与目的

由以上分析可以看出，飞行器的飞行剖面复杂，功率需求变化较大，而不同能源的功率特性也明显不同。为了满足复杂飞行状态的功率需求，一般采用混合能源的方式，通过能源管理与控制，可以实现能源优势的最大限度发挥。同时，基于新能源飞行器的飞行性能与能源特性深度耦合，还可以通过能源管理与飞行任务的耦合，进一步获得最大的飞行效益。因此，能源管理与控制是新能源飞行器的关键核心技术之一，通过能源系统的高效管理与控制，可以极大地提升新能源飞行器的综合性能。

新能源飞行器能源管理与控制的主要目的：使能源系统健康工作，多种能源之间合理、高效地发挥"优势互补"的潜力，并与飞行任务耦合控制，实现新能源飞行器长航时飞行任务的需求。

目前，能源管理与控制技术在新能源汽车上已经有了长足的发展，并取得了丰硕的研究成果。随着新能源飞行器的快速发展，其能源形式正在由单一能源向多种能源混合的模式发展，能源管理与控制技术，以及与飞行器耦合控制技术也越来越受重视，并取得了一定的研究成果。例如，高空长航时太阳能无人机大空域跨度飞行时，考虑到飞行姿态和航迹对太阳能电池发电状态的影响，可将能源管理与航迹规划耦合分析，从而提出最优能量航迹规划和等效重力势能储能等管理策略；对于轻小型太阳能无人机，可以通过考虑太阳光入射角度与飞行轨迹和姿态的耦合，探索满足任务需求的最优航迹；氢燃料电池无人机的能源管理主要将电源健康工作条件作为约束条件，以燃料经济性为目标（如以氢燃料消耗最小为目标等），开展燃料电池和锂电池之间最优功率分配等研究。

1.4　本书的内容安排

新能源飞行器涉及的对象非常广泛，本书以轻小型新能源无人机为对象进行介绍，并开展相应的实验，所用方法具有通用性。

本书的结构和内容简介如下：

第1章，绪论。本章简要介绍新能源飞行器的发展情况及主要特点，以及新能源飞行器能源管理与控制的意义和目的，并给出本书的内容安排。

第2章，新能源飞行器能源管理与控制框架。本章介绍新能源飞行器的主要能源形式，给出新能源飞行器能源与动力系统组成及典型拓扑结构，分析新能源飞行器飞行任务与能源系统的耦合关系，并在此基础上提出新能源飞行器能源管理与控制框架。

第3章，实验平台简介及设备认知实验。本章主要介绍本书实验采用的新能源飞行器能源管理与控制实验平台的组成与功能，对平台主要设备进行简要介绍，并给出主要设备的认知实验方法。

第4章，电池原理与性能及测试实验。本章主要介绍三种电池（锂离子电池、太阳能电池、氢燃料电池）的原理、基本性能及影响性能的主要因素，并给出这三种电池主要性能的测试实验方法。

第5章，电池管理与控制方法及实验。本章主要介绍锂离子电池、太阳能电池、氢燃料电池的管理与控制方法，并给出三种电池的管理与控制实验方法。

第6章，混合能源管理与控制方法及实验。本章分别介绍基于规则的和基于优化的能源管理与控制方法，并以太阳能电池/锂电池、氢燃料电池/锂电池、太阳能电池/氢燃料电池/锂电池等几种混合能源形式为例，给出混合能源被动和主动控制流程，以及混合能源管理与控制实验方法。

第7章，面向飞行任务的能源管理与控制方法及实验。本章建立与飞行参数相关的能源系统模型与无人机系统模型，分别介绍飞行任务/能源系统松耦合和紧耦合能源管理与控制方法，给出面向飞行任务的新能源无人机能源管理与控制的数学和半实物仿真实验方法。

思 考 题

（1）为什么要发展新能源飞行器？
（2）新能源飞行器的主要优缺点是什么？
（3）新能源飞行器的关键核心技术有哪些？
（4）为什么要对新能源飞行器进行能源管理和控制？

第2章

新能源飞行器能源管理与控制框架

本章首先介绍新能源飞行器的主要能源形式；其次，介绍能源与动力系统的基本组成与功能，分别给出锂离子电池、太阳能电池、氢燃料电池及其混合等能源动力系统的典型拓扑结构；再次，分析新能源飞行器飞行任务与能源系统的耦合关系。在此基础上，本章提出新能源飞行器能源管理与控制框架，为本书的后续内容奠定基础。

2.1　新能源飞行器的主要能源形式

在不同的历史时期和科技水平情况下，新能源有不同的内容。在 1980 年联合国召开的"联合国新能源和可再生能源会议"上，将新能源定义为：以新技术和新材料为基础，使传统的可再生能源得到现代化的开发和利用，用取之不尽、周而复始的可再生能源取代资源有限、对环境有污染的化石能源，重点开发太阳能、风能、生物质能、潮汐能、地热能、氢能和核能（原子能）。当今社会，新能源通常指太阳能、风能、地热能、氢能等。

对于新能源飞行器，目前主要是采用锂离子电池、太阳能电池和氢燃料电池单独（或混合）能源供电模式。

2.1.1　锂离子电池简介

锂离子电池是一种将电能与化学能相互转化并且可重复使用的电池，通过化学反应来实现能量的存储与释放。相对于其他类型的蓄电池，锂离子电池具有平均输出电压高、自放电率小、没有记忆效应、工作温度范围宽、循环性能优越、可快速充放电、输出功率大、使用寿命长等优点，广泛应用于新能源汽车、无人机等工程领域，是新能源飞行器非常合适的一种能源。

1970 年，首个锂金属电池诞生，其正极材料采用硫化钛、负极材料采用金属锂。这种电池虽然也可以充电，但其循环性能不好，在充放电循环过程中容易形成锂结晶，造成电池内部短路，所以一般情况下禁止对这种电池充电。由于锂离子具有嵌入石墨的特性，此过程快速且可逆，因此人们开始尝试利用这一特性制作充电电池。1990 年，日本索尼公司发明了以碳材料为负极、以含锂化合物作正极的锂离子电池，在充放电过程中，只有锂离子存在。其中，石油焦炭和石墨作负极，材料无毒、资源充足，锂离子嵌入碳中，克服了锂的高活性，解决了锂金属电池存在的安全问题；正极采用钴酸锂，在充、放电性能和寿命上均能达到较高水平。手机和笔记本电脑所采用的都是锂离子电池，俗称锂电池；锂金属电池因其危险性大，很少应用于日常电子产品。本书后文中的锂电池特指锂离子电池。

根据电解质材质的不同，锂离子电池可以分为液态锂离子电池（lithium - ion battery，LIB）和聚合物锂离子电池（polymer lithium - ion battery，LIP）两类。这两类电池所用的正负极材料相同，正极材料主要采用钴酸锂、锰酸锂、三元材料和磷酸铁锂等，负极材料都采用石墨。其工作原理基本一致，主要区别是：液态锂离子电池使用非水液态有机电解质；聚合物锂离子电池使用聚合物来凝胶化液态有机溶剂，或者直接用全固态电解质。聚合物锂离子电池在安全性方面具有独特优势，从而逐步取代液体电解质锂离子电池，成为锂电池的主流。表 2 - 1 所示为几种常见锂电池的性能比较。

表 2 - 1　几种常见锂电池的性能比较

锂电池	钴酸锂 （$LiCoO_2$）	镍钴锰酸锂（三元） （$LiNiCoMnO_2$）	锰酸锂 （$LiMn_2O_4$）	磷酸铁锂 （$LiFePO_4$）
实际比容量 /(mAh · g^{-1})	140 ~ 155	10 ~ 220	90 ~ 120	130 ~ 150
平台电压/V	3.6 ~ 3.7	3.6 ~ 3.7	3.7 ~ 3.8	3.2 ~ 3.3
工作电压范围/V	3.0 ~ 4.3	3.0 ~ 4.35	3.5 ~ 4.3	2.5 ~ 3.8
循环性能/次数	≥300	≥800	≥500	≥2 000
高温性能	一般	一般	差	好
环保	含钴元素	含镍、钴元素	无毒，无污染	无毒，无污染
适用领域	小型电子设备电池	小型动力电池	动力电池	动力电池

2.1.2　太阳能电池简介

太阳能电池是通过光电效应或光化学效应直接把光能转化成电能的装置，又称"太阳能芯片"或"光电池"。太阳能电池只要被满足一定照度条件的光照到，瞬间就可输出电压及在有回路的情况下产生电流，在物理学上称为太阳能光伏（photovoltaic，PV），简称光伏。1883 年，第一块太阳能电池诞生。1954 年，出现了现代硅电池的先驱产品，这是第一个能以适当效率将光能转为电能的光伏器件，标志着太阳能电池研发工作取得重大进展。1958 年，该硅型太阳能电池被用作宇宙飞船的电源。20 世纪 60 年代初，服务于空间飞行器的太阳能电池的设计已经成熟。此后的十多年，太阳能电池主要应用于空间技术领域。20 世纪 70 年代初，硅电池的发展经历了一个革新阶段，其能量转换效率得到了显著提升。自此，太阳能电池得到了更加广泛的应用，成为人们生活中重要的绿色能量来源。

根据制备材料的不同，太阳能电池可以分为硅太阳能电池、无机化合物太阳能电池、有机化合物太阳能电池等，具体分类如图 2 - 1 所示。

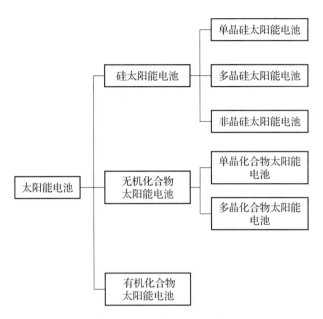

图 2-1　太阳能电池分类

自太阳能电池诞生以来，提高太阳能电池的发电效率一直是太阳能产业的发展方向。经过几十年的发展，以及新材料和新技术的涌现，太阳能电池发电效率也在不断提升。晶体硅太阳能电池是发展最为成熟的太阳能电池，约占全球光伏发电市场的 90%，占据了应用中的主导地位，其发电效率已经达到了 27.6%。近年来，美国可再生能源实验室（National Renewable Energy Laboratory，NREL）每年都会发布太阳能电池效率图，根据 2022 年的数据，发电效率最高的是四结太阳能电池，其发电效率高达 47.6%，但由于成本和技术成熟度等原因，目前应用甚少。砷化镓（GaAs）太阳能电池作为太阳能飞行器常用的光伏类型，其单结型发电效率可达 30.8%，二结砷化镓太阳能电池可达 32.9%。

太阳能电池具有无噪声、无排放等优点；太阳能具有储量丰富、可再生、分布广泛的特点，是飞行器实现长航时（甚至超长航时）的最佳能源之一。

2.1.3　氢燃料电池简介

燃料电池是一种把燃料所具有的化学能直接转换成电能的化学装置，又称电化学发电器，是继水力发电、热能发电和原子能发电之后的第四种发电技术。1839 年，第一款"燃料电池"（又称"气态伏打电池"）诞生，其利用氢气和氧气电化学反应产生水的同时产生电能。燃料电池从外观上看与蓄电池相似，都有正负极和电解质，但它本质上仅有发电功能，并不具备蓄电池的储电功能。

燃料电池通过电化学反应把燃料的化学能中的吉布斯自由能部分转换成电能，其工艺不涉及燃烧，摆脱了卡诺循环的限制，比同等功率的热发电机效率更高。燃料电池没有机械传动部件，因此更安静，噪声污染少。燃料电池采用燃料和氧气作为原料，排放的有害气体极少。因此，从节约能源和保护生态环境的角度来看，燃料电池是最有发展前途的发电技术之一。燃料电池的一般分类如表 2-2 所示。

表 2 – 2　燃料电池的一般分类

电池简称	类型	电解质	工作温度	电化学效率/%	燃料	氧化剂	功率输出/kW
AFC	碱性燃料电池	氢氧化钾溶液	室温~90℃	60~70	氢气	氧气	0.3~5
PEMFC	质子交换膜燃料电池	质子交换膜	室温~80℃	40~60	氢气	氧气（或空气）	1
PAFC	磷酸燃料电池	磷酸	160~220℃	55	天然气、沼气	双氧水、空气	200
MCFC	熔融碳酸盐燃料电池	碱金属碳酸盐熔融混合物	620~660℃	65	天然气、沼气、煤气	双氧水、空气	2 000~10 000
SOFC	固体氧化物燃料电池	氧离子导电陶瓷	800~1 000℃	60~65	天然气、沼气、煤气	双氧水、空气	100

相较于其他燃料电池，质子交换膜燃料电池（proton exchange membrane fuel cell，PEMFC）因其工作温度低、功率密度高、启动快、对负载变化响应快等特点，受到广泛关注，也是目前新能源飞行器使用最多的一种氢燃料电池。

氢燃料电池采用纯氢作为燃料，电化学反应的副产物仅为水和热，是在降低碳排放方面具有竞争力的绿色能源；同时，相较于锂电池，其具有比能量高的特点，因此是飞行器实现绿色长航时的最佳能源之一。

2.2　能源与动力系统组成及拓扑结构

2.2.1　能源与动力系统组成及功能

能源与动力系统是新能源飞行器的重要组成部分，包含动力电源和动力装置两部分。

动力电源主要采用锂电池、太阳能电池、氢燃料电池等，并配以相应的控制器，如锂电池管理系统（battery management system，BMS）、最大功率点跟踪器（maximum power point tracker，MPPT）、氢燃料电池编程可控稳压 DC/DC 模块、能源管理系统（energy management system，EMS）等，其功能主要是为飞行器提供飞行所需的能量。

动力装置由电子调速器、电动机、减速机构、螺旋桨等组成，其主要功能是为飞行器提供飞行所需的动力。其中，电子调速器用于调节电动机的转速；电动机驱动减速机构，带动螺旋桨旋转产生驱动力；减速机构用以匹配高速电动机和高扭矩、低转速特点的螺旋桨，以提高动力系统效率，若电动机与螺旋桨匹配良好，也可不用减速机构。

新能源飞行器常用的能源与动力系统主要有锂电池动力系统、太阳能电池动力系统、氢燃料电池动力系统，以及多种能源混合的能源动力系统等。锂电池因其较高的比功率特点，可以单独为动力装置供电。太阳能电池和氢燃料电池也可以单独为动力装置供电，但考虑到太阳能电池的发电功率受光照条件影响较大，且无储能的能力，因此太阳能电池动力系统多与可循环充放电的锂电池配合使用。对于氢燃料电池，考虑到其电压特性较软，大幅快速加载时电压下降幅度较大，且动态响应略缓，因此也常将其与锂电池配合使用。

在飞行器能源与动力系统的能量传递过程中，会存在能量损失，一般以能量传递效率表示，如图 2-2 所示。能量损失主要包括电源功率损失、电子调速器功率损失、电动机功率损失、螺旋桨功率损失及线路功率损失等，其中，线路功率损失占比相对较小，不考虑在内。

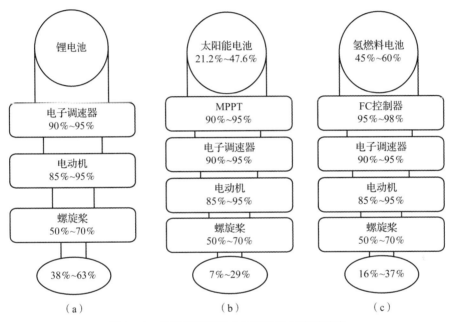

图 2-2　常见能源与动力系统的能量传递效率

（a）锂电池动力系统；（b）太阳能电池动力系统；（b）氢燃料电池动力系统

为了提高动力系统传递效率，可以采取以下技术途径：

（1）对于电源功率损失，可从两方面考虑：一方面，通过新技术开发来提高电池自身的能量转化效率，例如，随着太阳能电池技术的发展，目前已将可工程化应用的太阳能电池转换效率提高到 30% 以上，但成本相对较高；另一方面，通过合理的动力系统设计及混合能源管理，进行能源最优化输出控制，以达到充分利用能源的目的。

（2）对于动力输出部分（即电子调速器、电动机、螺旋桨等）的功率损失，需要对该部分进行合理匹配，保证在巡航状态下各个部件均在其额定功率范围内工作，则可降低其功率损耗。

2.2.2　能源与动力系统的拓扑结构

氢燃料电池具有能量密度高、可支持长航时飞行的优点。但是，与锂电池相比，其功率密度较小；同时，由于燃料在膜之间的扩散、氢氧的电化学反应都需要时间，因此其电力响应相比锂电池要慢，且电压特性较软，大电流会导致大幅度压降，所以燃料电池一般需要配合 DC/DC 转换器、锂电池等辅助电力设备，以稳定匹配电源电压和电机电压。太阳能电池输出特性具有明显的非线性，且输出受外界环境的影响较大，所以太阳能电池一般需要搭配 MPPT 控制器、锂电池等辅助电力设备，以稳定动力系统电源电压。

因此，可根据能源的特点对能源进行多种组合，发挥不同能源的优势，形成能源与动力系统的不同拓扑结构形式，以满足飞行任务需求；同时，根据能源管理方式的不同，又可将混合能源与动力系统分为被动式和主动式。下面分别对锂电池动力系统、太阳能电池动力系统、氢燃料电池动力系统、太阳能/氢能混合动力系统等常用的新能源飞行器能源动力系统拓扑结构方案进行介绍。

2.2.2.1　锂电池动力系统典型拓扑结构

锂电池动力系统是目前电动飞行器应用最广泛的一种动力方案，主要由锂电池、电子调速器、电动机、螺旋桨、机载辅助设备等组成，其典型拓扑结构如图 2 − 3 所示。

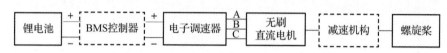

图 2 − 3　锂电池动力系统的典型拓扑结构

锂电池通过电子调速器直接为无刷直流电机供电，锂电池的输出电压应在电子调速器允许的电压范围之内；电子调速器通过三相六个状态的切换控制电机转速，即通常所说的油门控制。一般电动机可以直驱螺旋桨，但当高速电动机需要带动较大的螺旋桨时，通常还需要增加减速机构，以匹配电动机和螺旋桨的工作点。其中，锂电池管理系统（BMS）可用于对锂电池进行充放电管理，调节电池片之间的电压均衡，以及保护锂电池防止过充、过放等，从而有利于保证锂电池的健康使用寿命，但其并不是必要设备。

锂电池动力系统具有拓扑结构简单、动态响应快、瞬时功率大、技术相对成熟等优点，其存在的主要问题是：目前锂电池的能量密度较低，能源系统在飞行器总质量中的占比较大，难以满足长航时飞行任务需求。

2.2.2.2　太阳能电池动力系统典型拓扑结构

太阳能电池动力系统主要由太阳能电池、电动机、电子调速器、螺旋桨、机载辅助设备等组成，主要包括纯太阳能动力系统、太阳能/锂电池被动混合动力系统、太阳能/锂电池主动混合动力系统，三种典型拓扑结构如图 2 − 4 所示。

纯太阳能动力系统如图 2 − 4（a）所示。太阳能电池直接通过 MPPT 控制器为动力系统供电，系统结构相对简单，可以提供较为稳定的输出，具有质量轻、结构简单的优点。该系统存在的主要问题是：受太阳能电池自身及 MPPT 控制器转换效率的限制，所能提供的功率一般难以满足无人机飞行过程中快速机动和突发干扰情况下的高功率需求；而且，太阳能受天气的影响比较大，难以保证飞行任务所需的功率，在用于中低空轻小型无人机时，这个问题更加明显。

太阳能电池/锂电池被动混合动力系统如图 2 − 4（b）所示。太阳能电池和锂电池被动联合为动力系统供电，利用二极管的正向导通、反向截止特性，解决太阳能电池与锂电池并联输出时的电压匹配问题，防止动力系统需求功率较低时出现太阳能电池对锂电池充电。该混合方案无须考虑能源与动力系统的功率流分配问题，也不必对锂电池进行充放电管理，形

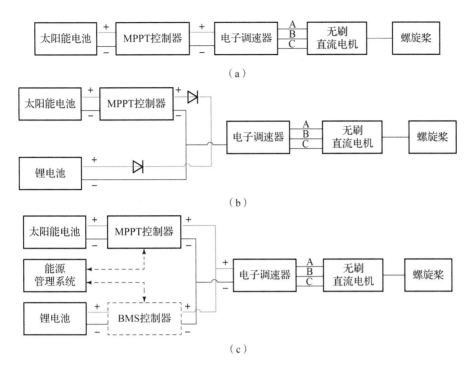

图 2 - 4　太阳能电池动力系统的三种典型拓扑结构
（a）纯太阳能电池动力系统；（b）太阳能电池/锂电池被动混合动力系统；
（c）太阳能电池/锂电池主动混合动力系统

式简单，易实现；采用锂电池补充太阳能电池输出功率，可以使无人机具有更好的抗风能力和更优的机动性。但是，该类型动力系统的弊端也十分明显，由于二极管截断了反向充电电流，因此锂电池只能放电、无法充电，在太阳能电池输出功率大于动力系统用电功率、锂电池电量不满的情况下，不能有效利用太阳能电池产生的电能，造成电力浪费。

　　太阳能/锂电池主动混合动力系统如图 2 - 4（c）所示。太阳能电池与锂电池主动联合为动力系统供电，通过调节 MPPT 控制器的输出实现对太阳能电池输出功率的主动控制，通过功率平衡原则间接实现锂电池的充放电控制。该混合方案兼顾了太阳能电池和锂电池的电力特性，在充分发挥锂电池功率响应快速优势的同时合理进行充放电管理，可进一步提高太阳能利用率、延长锂电池使用寿命；能够根据需求功率情况，采用主动能源管理策略完成功率流分配，在有剩余功率的情况下，太阳能电池可对锂电池充电，从而实现对能源的充分利用。这种结构的主要不足是：能源管理与控制比较复杂，需要采用高效的能源管理策略，以及相应的软硬件设备。但是，由于其可以充分发挥能源的特性，实现飞行器的高性能飞行，因此是发展的重点方向之一。

2.2.2.3　氢燃料电池动力系统典型拓扑结构

　　氢燃料电池能源与动力系统主要由储氢装置、燃料电池、燃料电池控制器、燃料电池 DC/DC 转换器、电子调速器、电动机、螺旋桨，以及其他辅助电力电子设备等组成。与太阳能动力系统类似，氢燃料电池动力系统也有三种典型拓扑结构（图 2 - 5）：纯氢燃料电池动力系统；氢燃料电池/锂电池被动混合动力系统；氢燃料电池/锂电池主动混合动力系统。

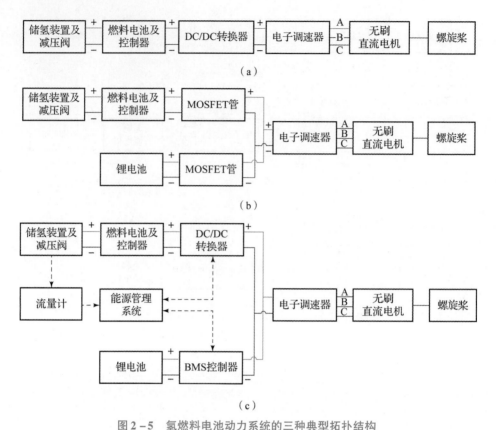

图 2-5　氢燃料电池动力系统的三种典型拓扑结构

（a）纯氢燃料电池动力系统；（b）氢燃料电池/锂电池被动混合动力系统；
（c）氢燃料电池/锂电池主动混合动力系统

纯氢燃料电池动力系统如图 2-5（a）所示。氢燃料电池直接通过 DC/DC 转换器为动力系统供电，具有系统结构简单、质量较轻的优点，存在的主要问题是：难以满足飞行器机动飞行等动态变化较大时的功率需求。

氢燃料电池/锂电池被动混合动力系统如图 2-5（b）所示。氢燃料电池和锂电池被动联合为动力系统供电，利用 MOSFET 场效应管（简称"MOS 管"）的低功耗特点和反向截止特性，处理燃料电池与锂电池并联电压匹配问题，以防负载电压较低、燃料电池电压较高时，燃料电池对锂电池充电。该方案结构简单，不必考虑功率流分配，也无须对锂电池进行充放电管理，从而降低了混合动力系统的设计难度，但难以确保能源系统的高效性。

氢燃料电池/锂电池主动混合动力系统如图 2-5（c）所示。氢燃料电池和锂电池主动联合为动力系统供电，为氢燃料电池加入 DC/DC 转换器，用以匹配锂电池的电压，并通过控制 DC/DC 的输出电流和电压，实现对燃料电池功率的主动控制；锂电池则根据功率平衡原则，间接实现充放电的控制。这一系统可兼顾不同电源的电力特性，使燃料电池工作在高效区域，锂电池充分发挥大功率、快速响应的作用；同时，能够进行合理的充放电管理，可提高系统效率，降低氢耗，以及延长能源系统使用寿命和提高航时。

2.2.2.4　太阳能/氢能混合动力系统典型拓扑结构

太阳能/氢能混合动力系统综合利用太阳能电池和氢燃料电池，辅助锂电池为无人机提供驱动力。该混合动力系统比较复杂，其拓扑结构可以有多种组合形式，根据对能源管理的方式不同，可以分为被动混合和主动混合两种形式。

图 2 - 6 所示为太阳能/氢能混合动力系统的被动混合拓扑结构。在该结构中，太阳能电池、燃料电池系统、锂电池分别与 MPPT 控制器、DC/DC 转换器、BMS 控制器相连。

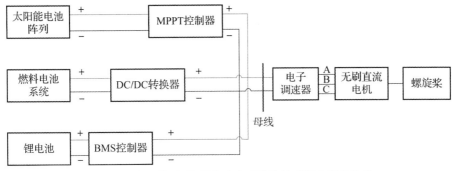

图 2 - 6　太阳能/氢能混合动力系统的被动混合拓扑结构

MPPT 控制器和 DC/DC 转换器分别用于匹配太阳能电池和燃料电池的电压，升压（或降压）调节后，使 MPPT 控制器的输出开路电压与 DC/DC 转换器的输出开路电压基本一致，考虑到太阳能电池的供电优先级，也可使 MPPT 控制器的输出电压略高于 DC/DC 转换器的输出电压，但两者的开路电压都应小于或等于锂电池的充电截止电压。例如，对于无人机常用的 6S（即 6 片串联）锂电池，其充电截止电压为 25.2 V，则 MPPT 控制器的开路电压可设定在 25.1 ~ 25.2 V 之间，DC/DC 的输出电压可设定在 25.0 ~ 25.2 V 之间，从而保护锂电池不会发生过充。需要注意的是，MPPT 和 DC/DC 要具有防反灌功能。

该系统能够对各电源的输出进行有限程度的调节，但无法实现对各类电源输出功率的主动分配。例如，当载荷需求很大时，MPPT 控制器可以主动调节，使太阳能电池工作在最大功率点，但当需求功率略大于太阳能电池的最大功率而小于三种电源的可用功率总和时，由于无法进行主动功率分配，三类电源可能同时输出，也可能仅有燃料电池和太阳能电池输出，此时，太阳能电池可能无法工作在最大功率点，从而无法达到最优的能量应用状态，造成能量的非必要损失。

图 2 - 7 所示为太阳能/氢能混合动力系统的主动混合拓扑结构。与被动混合拓扑结构的

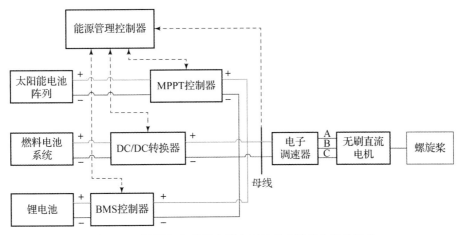

图 2 - 7　太阳能/氢能混合动力系统的主动混合拓扑结构

最大区别是：除了对各电源进行控制外，在顶层增加了能源管理控制器，可对各个电源主动进行功率分配调节。其特点是：能够根据母线的功率需求和各个电源的工作状态，主动进行能量管理，如通过限制氢燃料电池和锂电池的输出电流，使太阳能电池得到充分利用；可灵活地支持各种在线能源管理策略，进行次优（或最优）能量利用的空间探索。该系统的不足是：能源管理系统复杂且与飞行状态耦合，实现难度比较大。但是，为了获得更好的飞行性能，这种混合能源形式正逐渐成为重要的发展方向之一。

2.3　飞行任务与能源动力系统的耦合分析

新能源飞行器的任务形式多、使用环境复杂，能源系统要受到飞行工况参数（飞行任务所需功率）的影响，不同飞行任务对功率的需求区别明显。例如，起飞、机动等工况下，往往需要瞬时大功率；长航时巡航工况下，则需要高能量、小功率。同时，太阳能电池和氢燃料电池应用于新能源飞行器时，自身还会受到与飞行任务相关的飞行状态参数（飞行高度、飞行位置、飞行姿态、飞行速度等）和飞行环境参数（光照、温度、气压等）的影响。例如，太阳能电池的供电能力与太阳入射角、温度等参数密切相关，而太阳入射角直接受到飞行高度、飞行位置、飞行姿态等飞行参数的影响，温度直接受到飞行高度、飞行速度等飞行参数的影响；又如，氢燃料电池的供电能力受到温度、气压等参数的影响，而气压直接受到飞行高度的影响。

以上这些特点造成了新能源飞行器与能源系统之间的深度耦合。根据飞行任务是否与能源系统反向耦合，可以将这种耦合关系分为松耦合和紧耦合，如图2-8所示。其中，松耦合是指能源系统根据飞行工况参数、飞行状态参数及飞行环境参数，优化调节能源的输出；紧耦合是指深度考虑飞行工况、飞行状态参数、飞行环境参数与能源特性的相互耦合影响，选取关注的最优性能目标，在能源系统与飞行任务之间采用最优控制机制，达到综合性能最优的效果。

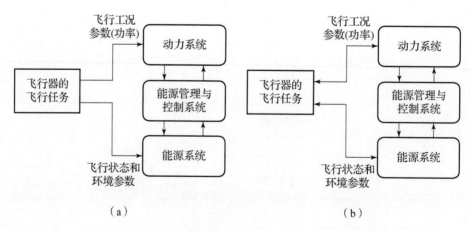

图2-8　新能源飞行器飞行任务与能源动力系统的耦合关系
（a）松耦合关系图；（b）紧耦合关系图

2.4　新能源飞行器能源管理与控制框架

2.4.1　能源管理与控制框架

为了设计与研制新能源飞行器，根据新能源的特性、混合能源的需求，以及飞行器的任务，在深入研究新能源飞行器与能源动力系统耦合关系的基础上，本书提出了三层次架构的新能源飞行器能源管理与控制框架，图 2 – 9 所示。

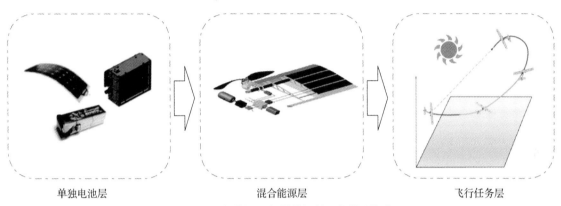

单独电池层　　　　　　　　　　混合能源层　　　　　　　　　　飞行任务层

图 2 – 9　新能源飞行器能源管理与控制框架

该框架由三层次组成，主要包括单独电池层、混合能源层、飞行任务层。三层次之间由低向高，逐渐支撑。在单独电池层，主要对独立电池进行管理与控制，保证电池特性的最优化使用。在混合能源层，根据新能源飞行器多采用混合能源供电的特点，为了使多电源之间达到最大效率应用而开展能源之间的匹配管理与控制。在飞行任务层，充分考虑能源与飞行任务的深度耦合关系，通过航迹规划与能源管理的一体化考虑，获得最佳的飞行性能。

2.4.2　分层能源管理与控制

1. 单独电池层管理与控制

本层次是针对电池本身的管理与控制。对于新能源飞行器采用的几种主要能源形式，各自具有特殊的特性，为了使每种能源系统达到最优的效果，提高其寿命和可靠性，需要针对每种能源系统进行管理与控制。对于本书介绍的几种能源系统，将有针对性地采取相应的管理与控制方法，如锂电池的均衡管理、太阳能电池的最大功率点追踪、氢燃料电池的温度控制等。

2. 混合能源层管理与控制

本层次是针对多种能源系统之间的管理与控制。由于太阳能电池、氢燃料电池的功率特性比较软，很难满足飞行器复杂任务剖面下的全部功率需求，因此通常会采用多种能源组合的方式，如太阳能电池/锂电池组合、氢燃料电池/锂电池组合、太阳能电池/氢燃料电池/锂电池组合等。对于本书介绍的几种典型的能源动力系统，可以通过混合能源的管理与控制来提高系统的效能，主要包括混合能源的被动控制与主动控制。

3. 飞行任务层管理与控制

本层次是面向飞行任务需求的能源管理与控制。针对不同飞行任务工况功率需求的不同，以及太阳能电池/氢燃料电池特性与飞行状态参数的耦合关系，在飞行任务层采用一定的耦合机制及最优控制方法，在满足复杂条件下飞行器的功率需求的同时，充分发挥能源的效能，实现飞行器任务最优化，主要包括飞行任务/能源系统松耦合和紧耦合方法。

思 考 题

（1）目前新能源飞行器常用的主要能源形式有哪些？各有什么优缺点？

（2）新能源飞行器能源动力系统的拓扑结构形式有哪些？

（3）飞行任务与能源系统的松耦合与紧耦合的区别是什么？

（4）本书提出的新能源飞行器能源管理与控制框架有哪几个层次？每个层次的任务是什么？

第 3 章
实验平台简介及设备认知实验

为了支撑新能源飞行器能源管理与控制的实验教学以及实验研究工作，本书构建了新能源飞行器能源管理与控制实验平台。本章首先简单介绍新能源飞行器能源管理与控制实验平台的组成与功能；之后，对其中的主要设备进行介绍，并开展主要设备的认知实验，以便读者了解和掌握平台主要设备的具体功能及操作方法，为后续各章的实验奠定基础。

3.1　实验平台的组成与功能

该实验平台由新型能源、能源控制、模拟仿真三个模块组成（图 3 – 1），通过模块内部、模块之间的不同组合，支撑 2.4 节所提出的新能源飞行器能源管理与控制框架中单独电池层、混合能源层、飞行任务层的相关实验，如电池特性实验、电池管理与控制实验、混合能源管理与控制实验、新能源无人机能源管理与控制仿真实验等实验教学项目，还可支持学生根据个人兴趣进行开放式创新实验。

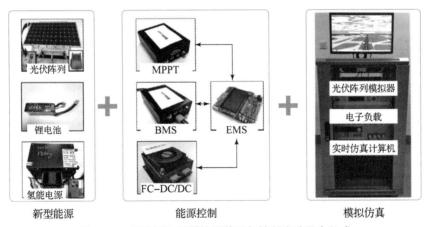

图 3 – 1　新能源飞行器能源管理与控制实验平台组成

各个模块的具体组成及功能如下：

（1）新型能源模块主要包括三类新型能源：光伏阵列系统、氢燃料电池系统、锂电池系统。其中，光伏阵列系统包含光伏阵列、太阳辐照计等设备，光伏阵列是台架式的，具有可自动调节俯仰姿态的功能，用以模拟飞行器姿态变化对太阳能发电状态的影响。氢燃料电池系统包含不同输出功率的电池堆、氢气瓶安全柜（含氢气瓶）等设备，用以满足不同实验的功率需求，以及保障氢气瓶在室内使用的安全性。锂电池系统包括不同容量的锂电池包和锂电池充电器，用以满足不同实验的需求。

（2）能源控制模块包括各种能源管理与控制的控制器硬件设备，主要有锂电池 BMS 控制器、太阳能电池 MPPT 控制器、氢燃料电池编程可控稳压 DC/DC 转换器，以及混合能源管理 EMS 模块。其中，BMS 控制器通过对锂电池组的检测和均衡，实现锂电池的安全高效使用；MPPT 控制器可以对太阳能电池阵列的最大功率点进行追踪，实现太阳能电池阵列的最大功率输出；DC/DC 转换器通过对燃料电池输出功率的主动调节，实现燃料电池与其他电源混合应用时的电压匹配；EMS 模块可以根据能源管理策略，调度不同电源之间，以及电源与负载之间的电力关系，实现全系统的最优。

（3）模拟仿真子系统包括光伏阵列模拟器、电子负载、实时仿真计算机等。光伏阵列模拟器主要用于支持室内开展太阳能电池特性、太阳能电池控制、混合能源管理与控制的相关实验。电子负载为不同实验提供电力负载的功能。实时仿真计算机可以运行新能源飞行器中各个部分的数学模型，以便支持新能源飞行器能源管理与控制的半实物仿真实验。

3.2　实验平台主要设备介绍

根据本书实验内容的安排，为了更好地了解并掌握实验平台的使用方法，本节对实验中的主要共用设备（如可编程电子负载、光伏阵列模拟器、DC/DC 转换器、能源管理模块、实时仿真计算机等）进行具体介绍，其他设备在本书相应的章节中进行介绍。

3.2.1　可编程电子负载

可编程电子负载是一种通过控制内部功率器件或晶体管的导通量，使功率管耗散功率、消耗电能的设备。在本实验平台中，可编程电子负载主要起到模拟电力需求、监测电力信息的作用，是使用得最多的一种共用设备。

电气负载的主要类型可分为阻性负载、感性负载、容性负载，这三种电气负载的电路特征和电流/电压关系如图 3 - 2 所示。

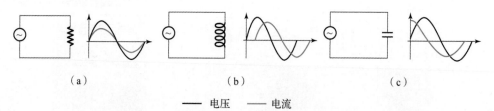

（a）　　　　　　　　　　（b）　　　　　　　　　　（c）

—— 电压　　—— 电流

图 3 - 2　三种电子负载的电路特征和电流电压关系
（a）阻性负载；（b）感性负载；（c）容性负载

（1）阻性负载由加热元件组成，是根据电阻工作原理进行工作的电气设备。阻性负载仅消耗有功功率，不会引起功率因数值的变化，且功率因数等于 1。阻性负载不会影响电压和电流波形，且电流和电压波形没有相位差，如图 3 - 2（a）所示。常见的阻性负载有白炽灯、电暖器、电热水壶、电熨斗等。

（2）感性负载是指带有电感参数的负载，即带线圈或绕组的电气设备。感性负载满足电磁感应工作原理，消耗有功功率，并产生无功功率，其功率因数小于 1。感性负载会导致电流速率受阻，从而导致负载电流滞后负载电压一个相位，如图 3 - 2（b）所示。常见的感性负载有日光灯、电动机、变压器、电焊机、洗衣机、空气压缩机等。

（3）容性负载是指带电容参数的负载，即有电容能力的电气设备。容性负载具有瞬间吸收电能的能力，其消耗有功功率，并释放无功功率，可用于在一定范围内矫正功率因数。容性负载使电压受阻，导致电压波的相位滞后电流，如图 3 - 2（c）所示。常见的容性负载主要是各类电容器，其功率计算公式与感性负载相同，只是在容性负载充放电时，电压不能突变，其对应的功率因数为负值，而感性负载此时的功率因数为正值。

可编程电子负载一般有四种基本工作模式，即恒流模式（constant current，CC）、恒压模式（constant voltage，CV）、恒阻模式（constant resistance，CR）和恒功率模式（constant watt，CP）等，如图 3 - 3 所示。

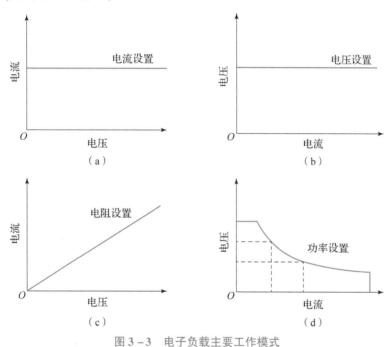

图 3 - 3　电子负载主要工作模式

（a）恒流模式；（b）恒压模式；（c）恒阻模式；（d）恒功率模式

本实验平台选用 ZY8715 可编程直流电子负载（简称"ZY8715 电子负载"），如图 3 - 4 所示。其为阻性负载，具有较好的线性特征、较高的动态响应速度，以及极低的纹波，主要性能指标如表 3 - 1 所示，设备详细情况参见《ZY87 系列可编程直流电子负载用户使用手册》。

图 3 - 4　ZY8715 可编程直流电子负载

电子负载认知视频

表 3 – 1　ZY8715 可编程电子负载主要参数

型号	最大功率/W	电流范围/A	电压范围/V
ZY8715	1 800	0 ~ 240	0 ~ 150
模式	挡位	分辨率	精度
定电流模式	0 ~ 24 A	1 mA	0.05% ± 0.05% FS①
	0 ~ 240 A	10 mA	0.1% ± 0.05% FS
定电压模式	0.1 ~ 20 V	1 mV	0.03% ± 0.02% FS
	0.1 ~ 150 V	10 mV	0.03% ± 0.02% FS
定电阻模式	0.03 ~ 10 kΩ	1 mΩ	0.1% ± 0.1% FS
	0.03 ~ 5 kΩ	1 mΩ	0.1% ± 0.1% FS
定功率模式	0 ~ 1 800 W	1 mW	0.1% ± 0.1% FS
	0 ~ 1 800 W	10 mW	0.1% ± 0.1% FS

　　该设备可通过控制面板（图 3 – 5）和上位机软件（图 3 – 6）两种方式进行控制。在进行简单载荷控制时，采用面板控制比较便捷；当需要自动化程序测试时，采用上位机软件进行加载程序设定更为方便。

图 3 – 5　ZY8715 可编程直流电子负载控制面板

图 3 – 6　ZY8715 可编程直流电子负载上位机软件的控制界面

---

① 测量的全范围内（full scale, FS）。

3.2.2　光伏阵列模拟器

光伏阵列模拟器又称太阳能阵列模拟器（solar array simulator，SAS），是利用电力电子电路来模拟实际太阳能电池阵列输出特性的装置。由于大功率的光伏阵列面积很大，价格昂贵，输出功率受光照条件、场地、实验环境等因素限制，因此在很多场合采用真实的太阳能阵列非常困难，甚至不可行。此时，光伏阵列模拟器将起到非常重要的作用，通过编程控制可以灵活地模拟各种天气条件下的太阳能电池特性。

光伏阵列模拟器通常有两种模拟光伏的工作模式：工程参数模式（SAS 模式）、列表模式（Table 模式）。

工程参数模式是通过设定太阳能电池的四个工程参数来模拟太阳能电池的伏安特性曲线，如图 3 – 7 所示，所需设定的四个工程参数为开路电压 V_{oc}、短路电流 I_{sc}、最大功率点电压 V_{mp}、最大功率点电流 I_{mp}。该工作模式的优点是：操作简单，使用方便，仅需要设置这四个参数，模拟器就可以根据太阳能电池的工程模型生成对应的伏安特性曲线。其主要缺点是：受限于工程模型的理想假设，难以模拟环境变化时的太阳能电池特性。

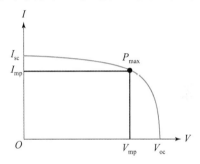

图 3 – 7　工程参数模式的四个工程参数

列表模式是向模拟器发送任意一组电压和电流曲线的列表数据，由模拟器通过插值的方式补充点与点之间的部分，从而生成完整的光伏特性曲线。这种工作模式的优点是：可用于模拟太阳能电池非理想的伏安特性（如局部阴影条件下），产生更加复杂的伏安特性曲线，以弥补 SAS 模式的不足。其主要缺点是：编程过程相对复杂，必须遵守一定的规则，否则可能会发生错误，使用不是很方便。

光伏阵列模拟器的工作原理如图 3 – 8 所示。主要包括：PV 曲线生成电路；模拟控制系统；功率级。PV 曲线生成电路的作用是：根据外部电压 V_{PV}，产生相应的电流参考值

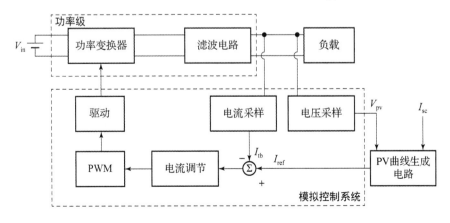

图 3 – 8　光伏阵列模拟器的工作原理

I_{ref}。模拟控制系统的作用是：根据电流参考值 I_{ref} 和实测电流反馈值 I_{tb}，经过底层控制算法产生 PWM（pulse width modulation wave，脉冲宽度调制）驱动波形。功率级是主电路部分，其功率变换器在 PWM 波形的控制下调节电路工作状态，模拟光伏曲线输出对应的电流。

本实验平台选用的是 AV1763 卫星帆板电源阵列模拟器作为光伏阵列模拟器（以下简称"AV1763 光伏阵列模拟器"），如图 3-9 所示。其包括主机与功率模块两部分，主机主要实现人机交互和与上位机的通信功能，功率模块实现模拟控制和电力生成功能。一个主机可选配多个功率模块，以满足不同功率需求的目的，相同模块可支持串并联输出。AV1763 光伏阵列模拟器除了进行光伏阵列模拟之外，还具备普通可编程电源的恒压输出和恒流输出能力，其主要性能指标如表 3-2 所示，设备详细情况可参见《AV1763 卫星帆板电源阵列模拟器用户手册》。

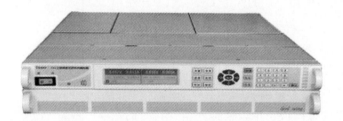

光伏阵列模拟器
认知视频

图 3-9　AV1763 卫星帆板电源阵列模拟器

表 3-2　AV1763 光伏阵列模拟器的主要性能指标

工作模式	指标	数值
光伏阵列模拟	最大功率/W	510
	最大开路电压/V	65
	最大功率点电压/V	60
	最大短路电流/A	8.5
	最大功率点电流/A	8.5
	电压纹波/mV，噪声/mV	20，125
	电流纹波/mA，噪声/mA	4，32
	电压回读准确度	0.08% +25 mV
	电流回读准确度	0.2% +20 mA
普通程控电源	编程电压范围/V	0~60
	编程电流范围/A	0~8.5

续表

工作模式	指标	数值
普通程控电源	编程电压准确度	$0.075\% + 25\,\text{mV}$
	编程电流准确度	$0.2\% + 20\,\text{mA}$
	电压回读准确度	$0.08\% + 25\,\text{mV}$
	电流回读准确度	$0.2\% + 20\,\text{mA}$

注：编程准确度技术指标表达法举例解释：输出电压为"60 V"时，技术指标为：$60\,\text{V} \pm (60\,\text{V} \times 0.075\% + 25\,\text{mV})$。

AV1763 光伏阵列模拟器可通过控制面板（图 3 – 10）和上位机软件两种方式进行控制。一般情况下，SAS 模式通过控制面板操作比较方便快捷；Table 模式通过上位机软件操作更为灵活，可实现较复杂的光伏曲线的输出。

图 3 – 10　AV1763 光伏阵列模拟器控制面板

3. 2. 3　能源管理控制模块

本实验平台中的锂电池 BMS 控制器、太阳能电池 MPPT 控制器采用自主研制的硬件设备，其主要的功能及性能将结合锂电池和太阳能电池的控制实验分别在 5.1 节和 5.2 节进行介绍。本节重点介绍氢燃料电池编程可控稳压 DC/DC 转换器和开放式混合能源管理模块。

3. 2. 3. 1　氢燃料电池编程可控稳压 DC/DC 转换器

燃料电池的电压特性较软，导致电压变化范围较大，在与其他电源混合应用时，应接入稳压功率转换器（即 DC/DC 转换器），如图 3 – 11 所示，通过控制燃料电池的输出电流和电压，实现与其他电源的电压匹配和输出功率的主动控制。

稳压和限流控制原理框图如图 3 – 12 所示，采用输出电压和电流双闭环控制方法，内环进行电流控制，外环实现电压控制。电流控制回路不仅可提高外环的响应能力，还能够防止电池出现过载情况。电压控制回路实现 DC/DC 输出电压的稳定，且通过设定参考电压值进行输出电压的主动调节，同时设定输出电流上限，可以对输出电流进行主动限制，从而实现燃料电池输出功率的主动调节。$H_v(s)$ 和 $H_c(s)$ 分别为电压和电流的反馈增益，$G_v(s)$ 和 $G_c(s)$ 分别为电流环和电压环的补偿器。目前，应用较多的有 PI、PID、2P2Z 和多零极点形式的补偿器，可通过参数整定来保证控制器的快速性和鲁棒性满足工程要求。

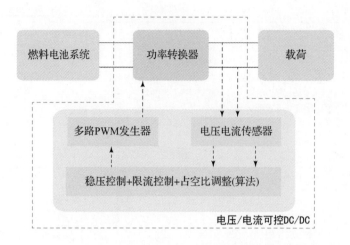

图 3 –11　燃料电池稳压 DC/DC 转换器结构组成与所处位置

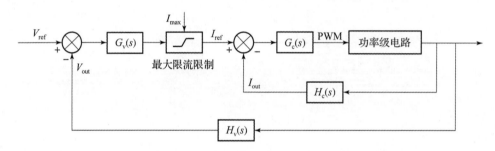

图 3 –12　稳压和限流控制原理框图

综合考虑总重、效率和成本，本实验平台采用非隔离降压 – 升压型 DC/DC 拓扑构型，电压电流可编程控制的燃料电池稳压转换器方案如图 3 –13 所示；采用 Buck – Boost 转换器电路，功率开关采用氮化镓（GaN）MOSFET，以满足小型化和高转换效率的指标需求；采

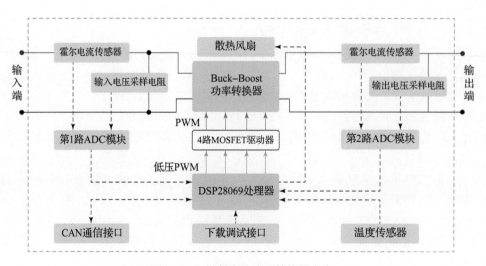

图 3 –13　燃料电池稳压转换器方案

用两路 ADC（analog – to – digital conversion，横数转换）模块，用于检测输入/输出电流和电压；采用 32 位微处理器 TMS320F28069，用于执行状态信息处理和稳压控制算法；利用 1 路 CAN 总线通信接口与上位机通信，并检测当前功率级电路的温度状态，控制散热风扇进行主动散热，以防功率管和电感过热。

本实验平台采用的自主开发的 NE – DC/DC V1.0 转换器如图 3 – 14 所示，表 3 – 3 为其主要的性能指标。

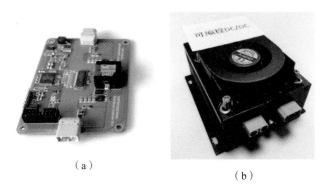

（a）　　　　　　　　　　　（b）

图 3 – 14　NE – DC/DC V1.0 转换器

（a）控制电路板；（b）封装效果

表 3 – 3　NE – DC/DC V1.0 转换器主要性能参数

参数	取值	参数	取值
输入电压范围/V	[12.5，40]	最大效率/%	96
输入电流范围/A	[0，10]	质量/kg	0.5
输出电压范围/V	[16，25.2]	尺寸/mm	160 × 158 × 90
输出电流范围/A	[0，10]		

3.2.3.2　开放式混合能源管理模块

为了实现多种能源管理，就需要一个混合能源管理模块，主要用于实现对太阳能电池阵列、燃料电池系统和锂电池组等多种能源之间的能量调度管理。为了便于实验研究，本实验平台选用开放式的混合能源管理模块方式。

本实验平台选用 STM32F767 阿波罗开发板作为混合能源管理模块（图 3 – 15）。其核心为基于 ARM 架构的 32 位微处理器 STM32F767IGT6 芯片，该处理器的主频为 216 MHz，采用 ARM Cortex – 7 内核、1 MB 闪存、512 KB 内存；围绕该处理器外扩了 32 MB 同步动态内存、512 MB 的 NAND 闪存、256 B 的 EEPROM 等，增强了控制器的实时数据处理能力。其他外设有：1 路 CAN 总线通信接口、3 路串口通信接口、1 个 LCD 显示单元接口、2 路 ADC 模块、1 个数据存储单元、1 组按键单元等。

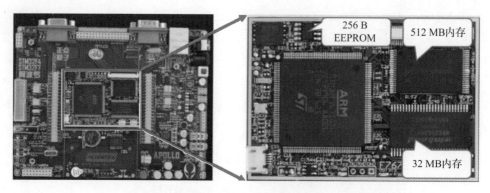

256 B
EEPROM

512 MB内存

32 MB内存

图 3 – 15   混合能源管理模块

3.2.4   实时仿真计算机

实时仿真计算机是构建新能源飞行器能源管理与控制半实物仿真平台的重要设备，为飞
行器全系统仿真提供不能采用硬件接入部分的数
学模型实时运行环境。其主要作用是：模拟飞行
器运动学与动力学特征，运行飞行控制指令执行
规划航迹任务，模拟螺旋桨气动特性，产生动力
需求信息并发送到真实能源动力系统等。

本实验平台中选用美国并行实时计算机公司
的 iHawk 实时仿真计算机（图 3 – 16）。该仿真机

图 3 – 16   iHawk 实时仿真计算机

依托实时多处理器硬件平台，采用微秒级高精度同步时钟板卡，以及多种类型的 I/O 板卡，
支持多种编程语言所建立的模型，提供丰富的硬件驱动程序，并支持多用户分布式仿真，从
而满足不同学科、不同测试阶段的任务需求。主要包括：实时多处理器平台，支持多种接口
类型的 I/O 板卡；RedHawk 实时 Linux 操作系统，具有确定性强实时优势；多学科联合仿真
环境 Simulation WorkBench（SimWB），其界面如图 3 – 17 所示，可图形化处理多语言模型混
合仿真。其主要性能特点如表 3 – 4 所示。

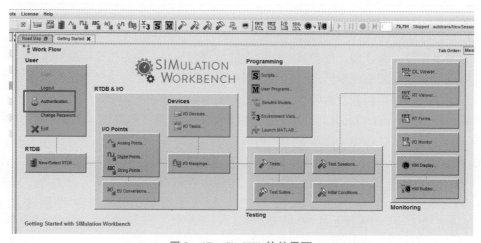

图 3 – 17   SimWB 软件界面

表 3 - 4　iHawk 实时仿真计算机的主要性能特点

软硬件组成	性能特点
实时多处理器平台	支持多个 32/64 位多核 Intel 或 AMD 处理器
	提供微秒级的高精度定时同步时钟板卡 （RCIM）
	提供 8 个微秒级高精度低温漂时钟
	提供外部 I/O 总线
	分布式实时仿真环境
RedHawk 实时 Linux 操作系统	提供真正的对称多处理、负载平衡、CPU 屏蔽支持
	在屏蔽的处理器上中断响应时间 $<15\,\mu s$
	支持多任务、多用户开发
Simulation WorkBench 仿真软件	内存驻留的实时数据库 RTDB
	支持 MATLAB/Simulink、C/C++、Fortran、FML/FMU 黑盒模型
	支持 SIMPACK、Motion、GT - Power、WAVE、AMESim、DYMOLA、Maplesim 等机电仿真模型实时下载
	支持多速率、机电液多模型并行仿真，支持大规模机电液系统实时仿真
	提供 I/O 映射配置工具
	提供实时数据库配置工具
	支持实时数据可视化和数据绘图

3.3　实验平台设备认知实验

为了保障本书涉及的实验工作能顺利进行，熟练掌握实验平台中主要设备的基本性能和操作方法是十分必要的。为此，本节设置了四个平台设备认知实验——可编程电子负载认知实验、光伏阵列模拟器认知实验、能源管理控制模块认知实验、实时仿真计算机认知实验，为后续能源管理与控制实验奠定基础。

3.3.1　可编程电子负载认知实验

1. 实验目的

（1）了解电子负载的基本功能和性能。

（2）掌握电子负载的操作，以及使用上位机软件完成对电子负载的控制。

2. 实验内容

（1）电子负载的基本操作。

（2）通过操作面板控制电子负载。

（3）通过上位机控制电子负载。

3. 实验设备及软件

本实验所需的设备主要包括电子负载、锂电池、上位机及电子负载上位机软件，如表3-5所示。

表3-5　本实验所选用的设备及软件

序号	类别（设备/软件）	设备及软件名称	型号/规格
1	实验设备	电子负载	ZY8715 电子负载
2	实验设备	锂电池	格氏 5 300 mAh 3S 锂电池
3	实验设备	上位机	PC（个人计算机）
4	软件	电子负载上位机软件	Load Monitor

4. 实验过程

1）设备连接

按照图3-18所示的设备连接图，在不启动电子负载的前提下，将锂电池连接到电子负载，并用配套的通信连接线将电子负载与上位机相连。

锂电池　　　　　　　　　电子负载　　　　　　上位机和上位机软件

图3-18　电子负载实验设备连接图

2）通过操作面板控制电子负载

（1）在电子负载手动操作面板（图3-19）上，按下电子负载电源按钮，启动电子负载，等待初始化完成。此时，可以在面板上读出锂电池的开路电压。

（2）按下电流设置键【I-set】，然后在数字面板设置需要加载的电流值1.2 A。数值设置完成后，按【Enter】键确认。按【On/Off】键，执行电流加载。观察操作面板上显示的电流、电压和功率信息，确认加载成功，并持续约10 s。再次按【On/Off】键，停止加载。

图3-19　电子负载手动操作面板

（3）按下功率设置键【P-set】，然后在数字面板设置需要加载的功率值1.2 W。数值设置完成后，按【Enter】键确认。按【On/Off】键，执行功率加载。观察操作面板上显示的电流、电压和功率信息，确认加载成功，并持续约10 s。再次按【On/Off】键，停止加载。

3）通过上位机控制电子负载

（1）启动上位机，并打开上位机软件 Load Monitor，如图3-20所示。

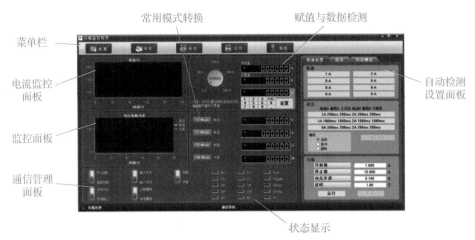

图 3 – 20　电子负载上位机软件界面

（2）在"配置"界面中设置通信波特率为 115 200，并选择对应串口号，其他参数选择默认。

（3）在软件主界面选择"CC Mode"（功率模式），在界面下侧选择"PC 控制"，并在右侧"程序"选项卡中，以 0.5 A 步长设计功率序列（0 A→0.5 A→1 A→0.5 A→0 A），每步持续时间为 5 s。将"工作模式"选择"连续"。设置完成后，如图 3 – 21 所示。

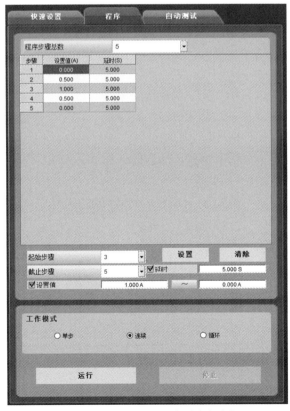

图 3 – 21　上位机自动加载测试电流剖面

（4）启动测试。在软件界面下侧的通信管理面板选择"输入打开"，在自动测试设置面板"程序"选项卡中单击"运行"按钮。实验开始，观察电子负载显示面板，确认是否按照既定任务加载。

（5）待程序加载运行结束后，在通信管理面板选择"输入关闭"，在"程序"选项卡中单击"清除"按钮，即可清除当前任务剖面。

（6）结束实验。首先，按【Power】键，关闭电子负载。其次，断开锂电池与电子负载的连接。最后，断开电子负载与上位机的连接。

注意事项：接锂电池加载时，不要采用电压模式。若采用电阻模式，须先预估一个较大的阻值，再由大阻值向小阻值调节。

5. 讨论与思考

（1）结合上位机控制，总结电子负载加载功率时需要哪几个步骤，对应哪些控制指令？

（2）如何从软件界面状态栏直观判断上位机与电子负载是否通信成功？若连接不成功，需要考虑哪些方面的问题？

（3）锂电池加载，如何确定最大电流？

（4）如何使用电子负载测得锂电池伏安特性曲线？

3.3.2　光伏阵列模拟器认知实验

1. 实验目的

（1）了解光伏阵列模拟器的工作原理、工作模式、主要功能，以及性能指标。

（2）掌握光伏阵列模拟器的使用操作方法，实现标准太阳能电池阵列电力特性的模拟。

（3）巩固电子负载的上位机操作，学习利用电子负载上位机软件记录数据。

2. 实验内容

（1）用光伏阵列模拟器模拟太阳能电池伏安曲线。

（2）用电子负载检验设定的太阳能电池伏安曲线。

3. 实验设备及软件

本实验所需的设备主要包括光伏阵列模拟器、电子负载、上位机及电子负载上位机软件，如表 3 – 6 所示。

表 3 – 6　本实验所选用的设备及软件

序号	类别（设备/软件）	设备及软件名称	型号/规格
1	实验设备	光伏阵列模拟器	AV1763 光伏阵列模拟器
2	实验设备	电子负载	ZY8715 电子负载
3	实验设备	上位机	PC
4	软件	电子负载上位机软件	Load Monitor

4. 实验过程

1）设备连接

按照图 3 – 22 所示的设备连接图，在未上电状态下，将光伏阵列模拟器与电子负载连接，并用配套通信连接线将电子负载与上位机相连。

图 3 - 22　光伏阵列模拟器实验设备连接图

2）提取太阳能电池特征参数

给定待模拟的标准太阳能电池伏安特性和功率特性曲线，如图 3 - 23 所示。从曲线中提取其四个特征参数：开路电压 6 V、短路电流 3.26 A、最大功率点电压 30 V、最大功率点电流 3 A。

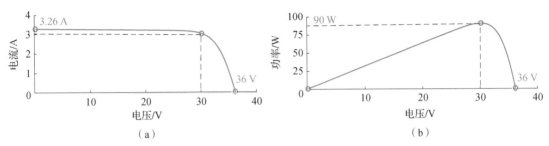

（a）　　　　　　　　　　　　　　　　（b）

图 3 - 23　待模拟太阳能电池伏安和功率特性曲线

（a）伏安特性曲线；（b）功率特性曲线

3）设置光伏阵列模拟器参数

（1）启动光伏阵列模拟器。打开光伏阵列模拟器的电源开关，启动光伏阵列模拟器，待初始化完成。

（2）选择 SAS 模式。在操作面板上（图 3 - 24）按【菜单】键进入菜单设置。通过方向按钮移动显示面板中的光标，依次选择 "Output" → "Mode" → "SAS"，如图 3 - 25 所示。最后，在操作面板上按【确认】键。

图 3 - 24　光伏阵列模拟器操作面板

图 3 - 25　选择 SAS 模式

（3）输入太阳能电池特征参数。按【菜单】键，依次选择 "Output" → "SAS" → "Curve"，如图 3 - 26 所示。依次输入最大功率点电压（Vmp）= 30 V，开路电压（Voc）=

36 V，最大功率点电流（Imp）= 3 A，短路电流（Isc）= 3.26 A。然后，将光标定位至"Set Curve"，按【确认】键，设置完成。

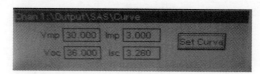

图 3 – 26 输入太阳能电池特征参数

4）设置电子负载电压加载剖面

启动电子负载，使其处于"Off"状态。通过电子负载上位机软件"自动测试"选项卡，设置测试工况如下：

- 工作模式：CV。即电压模型。
- 测量范围：6 ~ 36 V。
- 测量步长：1 V。
- 延时时间：2 s。
- 测量项：C。即电流。
- 保存的数据库名称：SIMULATOR。

设置完成后，如图 3 – 27 所示。然后，启动测试方案。测试结束后，保存测试结果。

图 3 – 27 电子负载自动测试选项卡设置

注意事项：出于安全考虑，实验过程中电子负载所加载的电压剖面的最小电压值可以接近于零（如 0.5 V），但尽量避免等于零。

5. 讨论与思考

（1）记录电子负载加载的电压和测量的电流值，对比分析参考曲线与电子负载测量的模拟曲线，验证光伏阵列模拟器的模拟效果。

（2）光伏阵列的测试能否采用恒定电流的方式进行？

（3）光伏阵列模拟器对太阳能电力系统研究有什么重要意义？

（4）采用光伏阵列模拟器模拟太阳能飞行器飞行过程的太阳能电池电力特性，需要考虑哪些方面的因素，以获得更精准的模拟效果？

（5）如何用电子负载和光伏阵列模拟器去测量和模拟一个未知特征参数或特征参数不准确的太阳能电池板？

3.3.3　能源管理控制模块认知实验

1. 实验目的

（1）深入理解 DC/DC 转换器的工作原理，以及在电路匹配中的作用。

（2）了解嵌入式控制器的开发环境，以及 CAN 通信和串口通信的使用方法。

3.3.3 节实验程序

（3）学习使用嵌入式控制器，进行 DC/DC 转换器的输出电压和电流主动调节。

2. 实验内容

1）RS232 串口通信

采用 STM32F767 阿波罗开发板与上位机连接，通过 RS232 串口通信将指定信息发送至上位机串口助手软件界面。

2）DC/DC 降压控制

将 STM32F767 阿波罗开发板与 DC/DC 转换器连接，通过 CAN 通信接口设置 DC/DC 的输出电压。

3）DC/DC 限流控制

将 STM32F767 阿波罗开发板与 DC/DC 转换器连接，通过 CAN 通信接口对 DC/DC 转换器的最大输出电流进行限制。

3. 实验设备及软件

本实验所需的设备主要包括混合能源管理模块、DC/DC 转换器、光伏阵列模拟器（本实验用作可编程直流电源）、电子负载、上位机、混合能源管理模块集成开发环境及串口通信程序等，如表 3-7 所示。

表 3-7　本实验所选用设备及软件

序号	类别（设备/软件）	设备及软件名称	型号/规格
1	实验设备	混合能源管理模块	STM32F767 阿波罗开发板
2	实验设备	DC/DC 转换器	NE-DC/DC V1.0 转换器
3	实验设备	光伏阵列模拟器	AV1763 光伏阵列模拟器

续表

序号	类别（设备/软件）	设备及软件名称	型号/规格
4	实验设备	电子负载	ZY8715 电子负载
5	实验设备	上位机	PC
6	软件	混合能源管理模块集成开发环境	Keil MDK
7	软件	串口通信程序	XCOM 2.0 串口助手

4. 实验过程

1）设备连接

如图 3 - 28 所示，在未上电状态下，将光伏阵列模拟器、DC/DC 转换器、电子负载连接，再将 DC/DC 转换器、STM32F767 开发板及上位机相连。

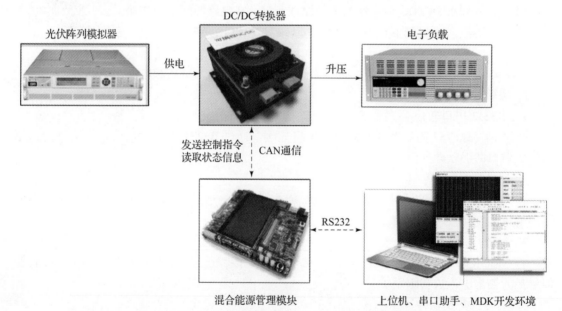

图 3 - 28　能源管理控制模块实验设备连接图

2）调试串口通信

（1）给 STM32F767 开发板上电，启动上位机 Keil MDK 集成开发环境。编写 DC/DC 转换器 CAN 通信驱动程序，实现 STM32 开发板对 DC/DC 转换器的控制，并获取 DC/DC 输入输出电流、电压等信息。驱动程序核心代码，可扫描二维码获取。

（2）代码编译与下载。在 MDK 集成开发软件界面左上角，单击"编译"按钮，如图 3 - 29 所示；等待编译成功后，单击"下载"按钮，将编译好的代码下载到混合能源管理模块。

（3）在上位机打开串口助手软件，选择对应通信串口，选择"COM1：USB - SERIAL"。设置波特率为 19 200，停止位为 1，数据位为 8，无奇偶校验。然后，单击"打开串口"按

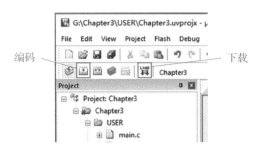

图 3 – 29　编译与下载按钮

钮，即可收到混合能源管理模块发送到串口的数据。由于光伏阵列模拟器、DC/DC 转换器均未供电，此时串口助手接收到的数据应全为零。

3）DC/DC 输出电压控制

（1）设置输入电压。启动光伏阵列模拟器，等待初始化完成后，按操作面板中的【电压】键，通过数字面板输入电压数值为 19 V，并按【确定】键，完成电压源模式下的电压值设置。

（2）设置输入电流。在光伏阵列模拟器操作面板中按【电流】键，通过数字面板输入电流数值为 7 A，并按【确定】键，完成电压源模式下的最大输出电流设置。

（3）启动电子负载，并等待初始化完成后，在恒流模式下，确保电流为 0，并保持电子负载为 "Off" 状态。

（4）打开光伏阵列模拟器，按下【打开】键，光伏阵列模拟器开始为燃料电池稳压控制器 DC/DC 供电。此时，电子负载显示面板将显示 DC/DC 输出电压，默认设置值为 25.1 V，考虑线损，电子负载显示器应为 ~25 V。

（5）手动调节 DC/DC 输出电压，如图 3 –30 所示。在混合能源管理模块（阿波罗开发板）按【增加 +】和【减小 –】键，用以调节 DC/DC 的输出电压，并通过电子负载显示面板可直观地看到电压的变化，每按一次，电压变化幅度为 0.1 V。

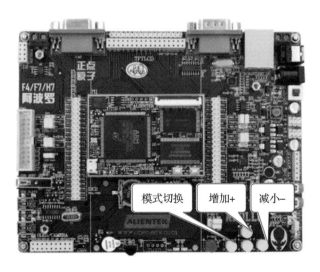

图 3 –30　混合能源管理模块按键功能自定义

4）DC/DC 最大输出电流调节

（1）通过混合能源管理模块自定义按钮，将 DC/DC 输出电压调节至 ~25 V。按【模式切换】键，将调节模式切换到电流模式。此时，默认最大输出电流为 4 A。

（2）最大电流限制效果验证。保持电子负载在恒电流模式下的"Off"状态，按下电子负载调节旋钮，将光标定位到小数点后 1 位，然后设置电流为 3 A 并加载，再缓慢右旋调节旋钮，观察电子负载显示面板的电流和电压数值。电流逐渐增加，在接近 4 A 时，继续增大调节旋钮，电流不会增加；电压反而明显下降，甚至降到 0 V，这说明电流被限制到了 4 A 左右。左调旋钮，将电流回调至 0 A，使电压恢复至 ~25 V。

（3）手动调小 DC/DC 最大输出电流并验证。每按一次【减小 –】键，将使最大电流减小 0.5 A，然后，可重复上一步电子负载的操作，进行最大限流效果的验证。

（4）通过串口助手记录混合能源管理模块发送过来的稳压控制器的输入和输出电流、电压数据，并保存，以便处理和分析。

注意事项：上位机需要提前安装 STM32 下载器的驱动程序，同时需要在 MDK 中进行配置下载器的类型，以确保程序下载成功，本实验采用的是 J – link 下载器。

5. 讨论与思考

（1）若采用开路电压为 19 V 的燃料电池与 4S 锂电池并联混合使用，则应将 DC/DC 转换器的输出电压设置为多少？

（2）在燃料电池与锂电池混合时，如何利用本节 DC/DC 转换器进行燃料电池功率主动调节？

（3）如何利用 DC/DC 转换器上的风扇实现 DC/DC 温度控制，使温度维持在 40 ℃ 附近？尝试给出控制框图和算法流程。

（4）尝试利用本实验平台中的阿波罗开发板来控制 DC/DC 转换器的风扇转速，以实现 DC/DC 温度控制。

3.3.4 实时仿真计算机认知实验

1. 实验目的

（1）了解 iHawk 实时仿真机 SimWB 仿真环境的基本操作流程。

（2）学习 MATLAB/Simulink 建模方法和 C 语言建模方法。

（3）理解数字量与字符串变量的转换过程，掌握串口映射方法，实现串口通信。

2. 实验内容

（1）建立典型能源系统半实物仿真架构，并操作完整半实物仿真流程。

（2）建立正弦变化的输出功率模型，用于生成电子负载功率加载指令。

（3）建立串口通信映射接口，实现 iHawk 仿真机对电子负载的功率控制。

3. 实验设备及软件

本实验所需的设备主要包括实时仿真计算机、电子负载、光伏阵列模拟器（本实验用作可编程直流电源）、客户端、仿真环境及仿真建模软件等，如表 3 –8 所示。

表 3 - 8　本实验所选用设备及软件

序号	类别（设备/软件）	设备及软件名称	型号/规格
1	实验设备	实时仿真机	iHawk 实时仿真机
2	实验设备	电子负载	ZY8715 电子负载
3	实验设备	光伏阵列模拟器	AV1763 光伏阵列模拟器
4	实验设备	客户端	PC
5	软件	仿真环境	SimWB
6	软件	仿真建模软件	MATLAB/Simulink

4. 实验过程

1）设备连接

如图 3 - 31 所示，在未上电状态下，将光伏阵列模拟器与电子负载相连，通过专用的 TTL - RS232 串口线，将电子负载远程控制器接口与实时仿真机 MOXA 串口的 1 通道相连，采用一根网线将客户端与 iHawk 实时仿真机相连。

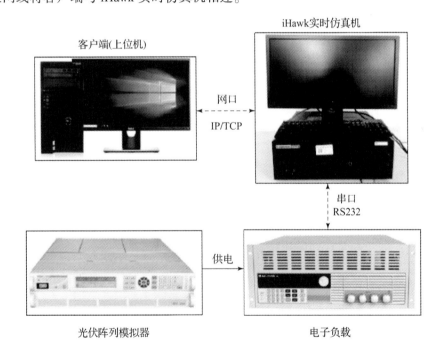

图 3 - 31　实时仿真计算机实验设备连接

2）建立电子负载控制指令模型

打开 MALTAB/Simulink 软件，如图 3 - 32 所示。建立周期为 50 s，在 ［20 W，100 W］ 区间的正弦函数：

$$P_{\mathrm{cmd}} = 40\sin\left(\frac{2\pi}{50}t\right) + 60 \tag{3-1}$$

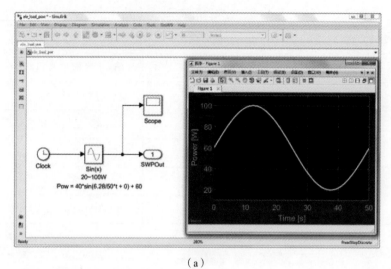

（a）

（b）

图 3 - 32　建立功率指令模型并设置固定步长

（a）仿真模型及运行结果；（b）设置求解器

设置仿真机时间为 50 s，采用固定步长为 0.1 s，选择 ode3 求解器，运行仿真结果如图 3 - 32（a）所示。

3）编译下载仿真模型，构建 RTDB 变量

（1）登录实时仿真机，如图 3 - 33 所示。在 Simulink 模型界面，由 SimWB 无缝集成接口打开 MATLAB 套件工具界面（ML Toolkit GUI）。输入 iHawk 实时仿真机网络地址（92.168.31.100）、用户名称（如 ZXH）、登录密码，然后单击"Connect"按钮连接到 iHawk 实时仿真机（又称服务器）。

（2）建立实时数据库（real time data base，RTDB）。选择"RTDB Creator"选项卡，进入 RTDB 变量提取界面，选择前缀为"SW"的标志提取 RTDB 变量。注意：须将 Simulink 模型中需要纳入实时数据库中的模块名称加前缀"SW"，本示例中将输出引脚模块名称定义为"SWPOut"（图 3 - 33），并定义 RTDB 名称为"EleLoad_PowCtrl"，如图 3 - 34（a）所示。

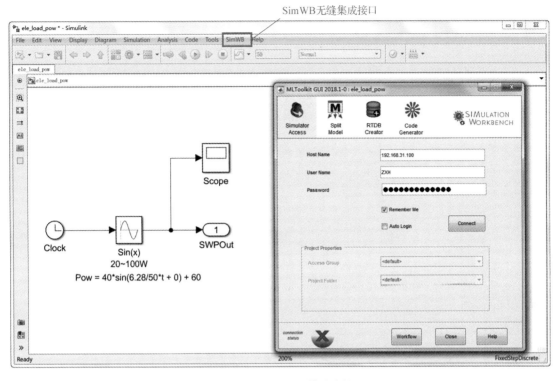

图 3 – 33　SimWB 无缝集成接口

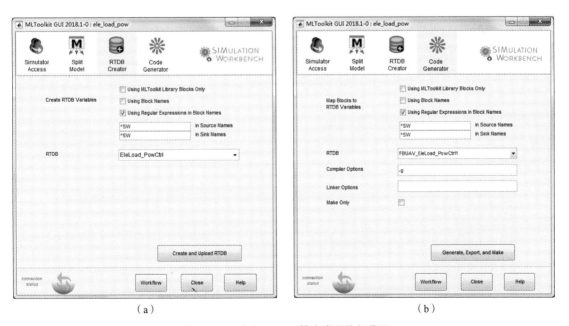

（a）　　　　　　　　　　　　　　　　　　　　（b）

图 3 – 34　建立 RTDB 并生成可执行代码

（a）建立 RTDB；（b）生成代码

（3）编译 Simulink 模型。单击"Code Generator"选项卡，进入代码生成导出并编译界面，如图 3 – 34（b）所示，保持默认值，单击"Generate,Export,and Make"按钮，编译模型。观察 MATLAB 命令行窗口，可看到生成和编译过程，并可看到编译成功的提示信息。

4）建立通信映射和仿真测试

启动 SimWB 软件。在客户端启动 SIMulation Workbench Control Center，可见 SimWB 控制中心软件界面，如图 3 – 35 所示。然后，依次从第 1 步设置到第 8 步。

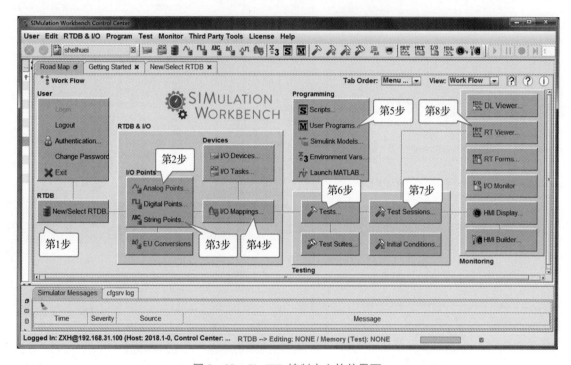

图 3 – 35　SimWB 控制中心软件界面

第 1 步，加载所建立的 RTDB。单击"New/Select RTDB"，进入实时数据库选择界面，如图 3 – 36 所示。按照标记序号，先选中所建立的"EleLoad_PowCtrl"库，再单击"加载"图标按钮。

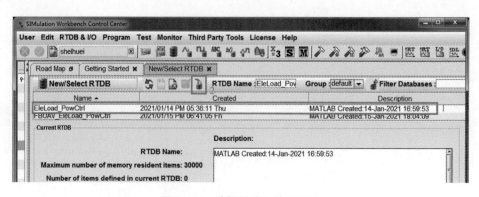

图 3 – 36　选择所建立的 RTDB

第 2 步，确认模型输出变量提取成功。单击"Analog Points"，进入浮点型变量定义界面，展开变量树，可以观察到所建立的变量 SWPOut 已被成功提取，且识别为 double 型输出变量，名称为"ele_load_pow. SWPOut"，已自动包含了 Simulink 模型文件的名称，如图 3 – 37 所示。

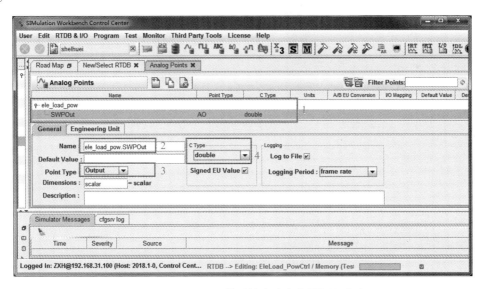

图 3 – 37　Simulink 模型输出功率变量提取成功

第 3 步，定义字符串变量。单击"String Points"，进入字符串变量定义界面，如图 3 – 38 所示。按照标记顺序操作，建立字符串变量 EleLoad_PowCmd，并将其定义为输出类型。

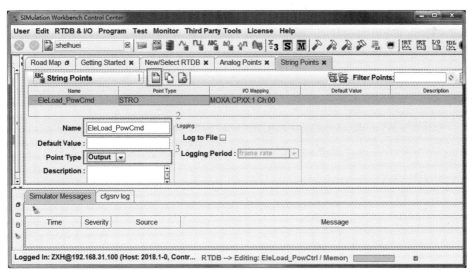

图 3 – 38　建立字符串输出变量

第 4 步，I/O 变量映射。单击"I/O Mappings"，进入通信接口设置选项卡，如图 3 – 39 所示，按图中标识的 1 ~ 6 编号执行操作。光标定位在 00 号通道（Channel）输出（Output）位置处，右端字符串变量列表中，勾选 EleLoad_PowCmd 变量。然后，设置 RS232 通信协议，发送数据字节长度为 20，发送周期为 50 ms，波特率为 115 200，无校验，字节长度为 8位，1 位停止位。

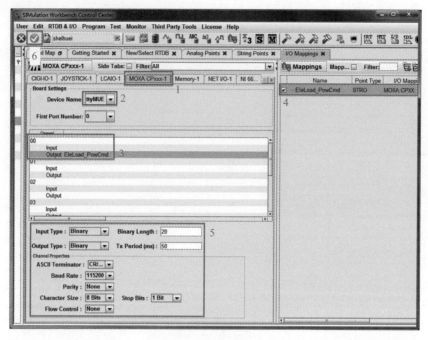

图 3 – 39   串口变量映射

第 5 步，自定义 C 语言串口输出驱动。单击 "User Programs" 进入 C 模型编程界面，如图 3 – 40 所示，按图中所示的 1~7 编号执行操作。首先，选择所建模型所属的实时数据库 RTDB 为 EleLoad_PowCtrl。然后，定义所建立的子项目名称，本示例为 "EleLoad_PowOut"，单击 "新建" 图标按钮，即可生成对应项目文件夹和 C 语言程序模板文件，即 "EleLoad_PowOut. c"。双击该文件，可以看到程序框架已经给出；在此基础上进行编程后，再编译生成可执行文件即可。

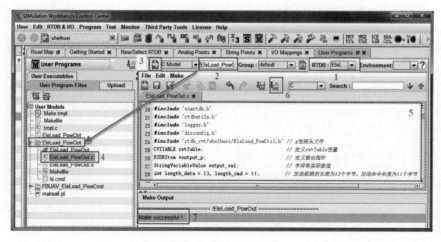

图 3 – 40   自定义串口输出驱动

电子负载上电并初始化完成后，即可接收指令控制。出于安全考虑，建议在仿真机调试过程中不给电子负载上电。功率控制通常需要顺序执行三条指令——切换到恒功率模式（CW）、启动负载（ON）、更新功率（PW），其格式和定义如图 3 – 41 所示。其中，功率值是以 4 字节的十六进制数发送的，因此，需要将浮点型功率数值先转换为 4 位十六进制数，再填充到 PW 指令"功率值"处。然后，计算得到校验码后，才能获得某个功率下的完整指令。关于指令的定义详细介绍参见《ZY87 系列可编程直流电子负载用户使用手册》。

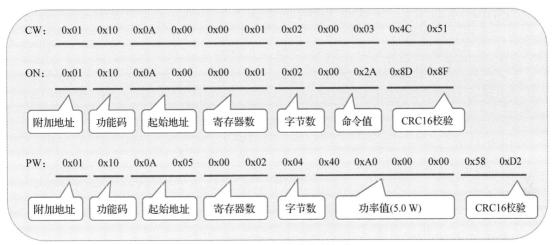

图 3 – 41　电子负载控制指令

第 6 步，建立仿真测试数据流。单击"Tests"，进入测试数据流设置界面，如图 3 – 42 所示，按照图中的 1~5 编号执行操作。新建测试并命名（本示例为 EleLoad_PowCtrl），并选择所属 RTDB。然后，右键添加所建立模型的可执行文件，包括所建立的 Simulink 模型编译的可执行文件和 C 模型编译的可执行文件，左键拖动连接各部分的数据流向。

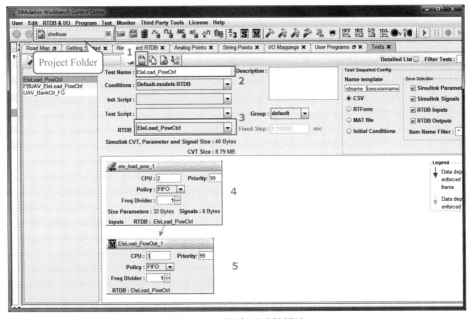

图 3 – 42　仿真测试数据流

注意：在这一部分，如果单击右键后在列表中找不到模块 4 或 5 的可执行文件，则检查文件路径，比如在图 3-42 中的 Project Folder 是否正确选择了路径，正常需要 Simulink 和 C 语言生成的可行执行文件都在一个路径下，本示例中都需要在 shelhuei 的文件路径下。

第 7 步，建立测试启动窗口。单击"Test Sessions"，进入测试阶段启动界面，如图 3-43 所示，按图中的 1~3 编号执行操作，即可启动测试，观察右上角，若正常计数则说明启动成功。

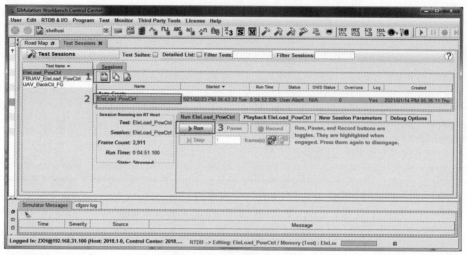

图 3-43　新建测试阶段

第 8 步，仿真过程实时图表显示设置。返回主界面，单击"RT Viewer"，进入显示设置界面，如图 3-44 所示，按照图中编号执行操作。首先，选中需要实时显示的变量，如"SWPOut"和"EleLoad_PowCmd"；然后，单击"Add to Table"按钮，即可在右端列表中显示变量的实时变化过程，如图 3-44（a）所示。对于浮点型变量，单击选中变量后，单击"Add to Charts"按钮，即可通过曲线图实时显示变量的动态变化，如图 3-44（b）所示。

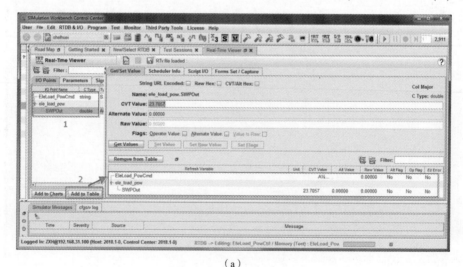

（a）

图 3-44　仿真过程实时显示

（a）添加到列表，观察数据值变化

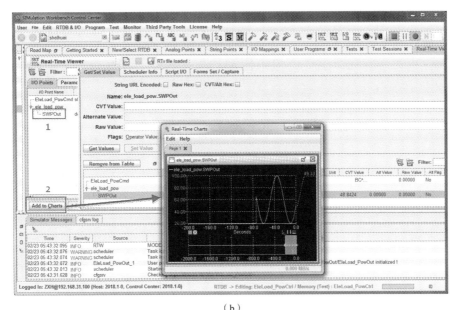

图 3 – 44　仿真过程实时显示（续）

（b）添加到曲线图，直观显示

5）实时仿真测试

（1）电力系统准备。在确认实时仿真机的测试处于停止运行状态后，分别给光伏阵列模拟器和电子负载上电。其中，光伏阵列模拟器采用恒压源模式，设定电压为 25 V，设定电流为 5 A。在确认电子负载处于"Off"状态且空载后，在光伏阵列模拟器按【开/关】键，开始供电，并从电子负载显示面板上观察输入电压是否正常。

（2）启动半实物仿真测试。在 SimWB 的"Test Sessions"界面中启动仿真，仿真运行正常后，观察电子负载的实际执行情况，判断其与仿真机提供的功率指令是否一致。

5. 讨论与思考

（1）功率模型已经在 Simulink 环境中建立，为何还需要建立 C 语言模型？

（2）半实物仿真测试过程是在客户端上运行，还是在服务器上运行？

（3）如果仿真过程电子负载没有正常运行，如何判断电子负载接收到的指令是否正确？

（4）如果网络通信物理连接正常，供电也正常，客户端和服务器独立均工作正常，但已注册的用户通过客户端未能登录服务器，该从哪些方面进行检查修复？

（5）参考《ZY87 系列可编程直流电子负载用户使用手册》中的电压和电流读取指令，增加实时仿真机对电子负载的电流和电压状态读取功能。

思 考 题

（1）本书实验平台的基本组成与主要功能是什么？

（2）本章不同实验中分别用到了光伏阵列模拟器的哪些功能？

（3）本书实验平台采用开放式混合能源管理模块的优点有哪些？

第4章

电池原理与性能及测试实验

为了健康合理地应用锂离子电池、太阳能电池、氢燃料电池等电源系统，本章首先介绍这三种电池的基本原理与主要性能指标，其次分析影响其性能的主要因素，最后设置各种电源的性能测试实验项目，以便读者通过动手操作来直观地了解和掌握三种电源的电力特性，为电源控制和能源管理奠定基础。

4.1 锂离子电池的原理与性能

4.1.1 锂离子电池工作原理

锂电池是一种二次电池（可充电电池），以碳材料作为负极，以含锂的化合物作为正极，依靠锂离子在正极和负极之间移动来工作。锂电池的充、放电过程就是锂离子的嵌入和脱嵌过程，如图4-1所示。在充、放电过程中，锂离子在正、负极之间往返嵌入/脱嵌。当对电池进行充电时，电池的正极上有锂离子生成，锂离子从正极脱嵌，经过电解液运动到负极；负极的碳材料呈层状结构，有很多微孔，达到负极的锂离子就嵌入碳层的微孔，嵌入的锂离子越多，充电容量就越高。当对电池进行放电时（使用电池的过程），嵌在负极碳层中的锂离子脱出，运动到正极。回到正极的锂离子越多，放电容量就越高。

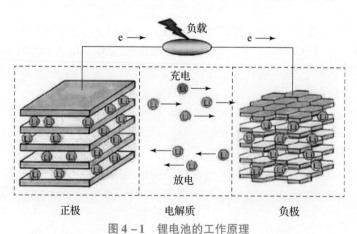

图4-1 锂电池的工作原理

以钴酸锂离子电池为例，其充电过程如下：

正极反应：$LiCoO_2 \rightarrow Li_{1-x}CoO_2 + xLi^+ + xe^-$

负极反应：$C + xLi^+ + xe^- \rightarrow Li_xC$

总反应：$LiCoO_2 + C \rightarrow Li_{1-x}CoO_2 + Li_xC$

锂电池的主要构成为正负极、电解质、隔膜、外壳。

（1）正极：可选的正极材料有很多，主流产品多采用锂铁磷酸盐。放电时，锂离子嵌入；充电时，锂离子脱嵌。

（2）负极：多采用石墨。新的研究发现钛酸盐可能是更好的材料。负极反应：充电时，锂离子插入；放电时，锂离子脱插。

（3）电解质：采用 LiPF 的乙烯碳酸脂、丙烯碳酸脂和低黏度二乙基碳酸脂等烷基碳酸脂搭配的混合溶剂体系。

（4）隔膜：采用聚烯微多孔膜，如聚乙烯（polyethylene，PE）、聚丙烯（polypropylene，PP）或它们的复合膜（尤其是 PP/PE/PP 三层隔膜），不仅熔点较低，而且具有较高的抗穿刺强度，起到热保险作用。

（5）外壳：采用钢或铝材料，盖体组件具有防爆断电功能。

4.1.2　锂离子电池主要性能

4.1.2.1　锂离子电池的基本性能参数

锂电池的主要性能参数包括电压、电池容量、电池能量和电池内阻等。

1. 电压

锂电池的重要电压性能指标包括开路电压、额定电压、工作电压、放电终止电压、充电终止电压等。

（1）开路电压：电池外部不接任何负载，电池正负极之间的电位差。开路电压主要取决于电池正负极材料的活性、电解质和温度条件等，而与电池的几何结构和尺寸无关。

（2）额定电压：在规定条件下电池工作的标准电压，也称为公称电压或标称电压。采用额定电压，可以区分电池的化学体系。

（3）工作电压：电池接通负载后在放电过程中显示的电压，也称负载（荷）电压或放电电压。电池在接通负载后，由于存在欧姆内阻和极化内阻，因此电池的工作电压低于开路电压，当然也低于电动势。

（4）放电终止电压：电池放电时，电压下降到不宜再继续放电的最低工作电压值，也称为放电截止电压。对于所有锂电池，放电终止电压都是必须严格规定的重要指标。根据电池的不同类型及不同的放电条件，对电池容量和寿命的要求也不同，由此所规定的放电终止电压也不同。一般而言，在低温或大电流放电时，放电终止电压规定值较低；在小电流长时间或间歇放电时，放电终止电压规定值较高。

（5）充电终止电压：在规定的恒流充电期间，电池达到完全充满电时的电压值，也称为充电截止电压。到达充电终止电压后，若仍继续充电，则为过充电，这对电池性能和寿命通常是有损害的。

2. 电池容量

电池容量是指在一定的放电电流 I、放电温度 T、放电截止电压 V 条件下，电池所放出的电量，表征电池储存能量的能力，单位一般为 mAh（毫安时）、Ah（安时）。电池容量是由电池内活性物质的数量决定的。例如，$1\,000\,\text{mAh}$ 是指能以 $1\,\text{A}$ 的电流放电 $1\,\text{h}$。电池容量受很多因素的影响，如放电电流、放电温度等。

（1）理论容量：活性物质全部参加反应所给出的电池容量。

（2）实际容量：在一定的放电条件下，实际放出的电池容量。

（3）额定容量：在设计的放电条件下，电池保证给出的最低电量。

（4）比容量：单位质量或单位体积电极活性物质所给出的容量，称为质量比容量或体积比容量。比容量是为了对不同的电池进行比较而引入的概念。通常计算方法如下：

$$比容量 = \frac{电池首次放电容量}{活性物质量 \times 活性物质利用率}$$

3. 电池能量

电池能量是指在一定条件下，电池对外做功所能输出的电能，单位一般用瓦时（Wh）表示。

（1）理论能量：电池理论容量与额定电压的乘积，单位为 Wh。对于可逆电池，理论能量是其在恒温恒压下所做的最大功。

（2）实际能量：电池放电时实际输出的能量。

（3）额定能量：根据电动汽车行业规定《电动汽车用动力蓄电池电性能要求及试验方法》（GB/T 31486—2015），在室温下蓄电池以 $1\,\text{A}$ 电流放电，达到终止电压时所放出的能量（Wh）。

（4）比能量：单位质量和单位体积的电池所给出的能量，称为质量比能量或体积比能量，又称能量密度，单位为瓦时每千克（Wh/kg）或瓦时每升（Wh/L）。这个指标对新能源飞行器尤为重要。

4. 电池内阻

电池内阻是指电流通过电池内部时受到的阻力，该阻力会使电池的工作电压降低。由于电池内阻的作用，电池放电时，端电压低于电动势和开路电压。电池内阻是锂电池的一个极为重要的参数，它直接影响电池的工作电压、工作电流、输出能量与功率等性能。对于锂电池，其内阻越小越好。

4.1.2.2 锂离子电池的基本状态参数

锂电池的主要状态参数包括充放电倍率、荷电状态、放电深度、循环寿命、自放电率、工作温度范围等。

1. 充放电倍率

充放电倍率表示电池充放电时电流大小的比率（即倍率），单位为 C。充放电电流的大小常用充放电倍率来表示，计算公式如下：

$$充放电倍率 = 充放电电流/额定容量$$

例如，额定容量为 $2\,000\,\text{mAh}$ 的电池以 $1\,\text{C}$ 充电表示以 $2\,\text{A}$ 的电流充电 $1\,\text{h}$ 将电池充满，以 $0.5\,\text{C}$ 充电表示以 $1\,\text{A}$ 的电流充电 $2\,\text{h}$ 将电池充满；反之，用 $2\,\text{A}$ 放电时，其放电倍率为 $1\,\text{C}$。

2. 荷电状态

荷电状态（state of charge，SOC）表示在一定的放电倍率下，电池使用一段时间（或长期搁置）后剩余容量与其完全充电状态的容量的比值。

3. 放电深度

放电深度（depth of discharge，DOD）表示电池放电量与电池额定容量的百分比，是放电程度的一种度量。当电池的放电量超过其额定容量的 80% 时，即可认为达到深度放电。放电深度的高低和电池的寿命有很大的关系：放电深度越深，其寿命就越短。

荷电状态和放电深度之间的关系：

$$SOC + DOD = 100\% \tag{4-1}$$

4. 循环寿命

锂电池充电和放电一次称为一个周期（或一个循环）。循环寿命是指在理想的温度、湿度下，以额定的充放电电流进行深度的充放电（100% DOD 或者 80% DOD），电池容量衰减到额定容量的 80% 之前能够反复充放电的次数，一般以次数为单位。

5. 自放电率

自放电率是指电池在放置时，电池容量下降的速率，通常以百分数表示，即 %/月。

6. 工作温度范围

由于锂电池内部化学材料的特性，锂电池有一个合理的工作温度范围（通常为 -40℃ ~ 60℃）。如果超出了合理的范围使用，会对锂电池的性能造成较大的影响。

4.1.2.3　影响锂离子电池性能的主要因素

影响锂离子电池性能的因素有很多。例如：电池的放电温度降低，输出容量就会减少；电池的放电截止电压（根据电极材料以及电极反应本身的限定来设定，一般为 3.0 V 或 3.75 V）越高，输出的容量越少；随着电池的充放电次数增多，电极材料逐渐失效，电池的放电容量会相应减少；电池的充电条件（充电倍率、温度、截止电压等）会影响充入电池的容量，进而决定放电容量。

1. 环境温度

环境温度是影响锂电池性能的主要因素，温度过低会导致实际容量下降，温度过高会导致锂电池发生不可恢复的损坏。

锂电池对温度的敏感性主要源于其材料物化性质的温度敏感性。温度会直接影响电极材料的活性和导电率、锂离子在电极上的嵌入和脱嵌、隔膜的锂离子透过性等，进而影响电池内部的电化学反应。长时间工作在高温环境下，电池的寿命就会明显缩短，其性能也会大大降低，甚至引发安全事故。温度过低则电池内部活性物质的活性会明显下降，其内阻、极化电压会增加，充放电功率和容量均会显著降低，甚至引起电池容量不可逆的衰减，并埋下安全隐患。

2. 过充与过放

锂电池的放电深度（DOD）对电池的循环寿命有着重要影响。一般锂电池的最佳放电深度为 80%，过充、过放都会对其产生不可逆的损坏。

当锂电池的充电电压大于充电截止电压时，就形成了电池的过充电。此时，从正极脱嵌的过量锂离子会沉积或嵌入负极，沉积的活性锂易与溶剂反应，放出热量使电池温度升高。正极受热分解放出氧气，使电解液易分解并产生大量的热。当锂电池的放电电压低于放电截止电压时，就形成了过放电。在过放电的过程中，锂离子从负极上会过度脱出，下次充电时再嵌入就会比较困难。电池在过放电以后的循环过程中，放电容量、充放电效率都会大为降低。

如果锂电池的自放电导致了电池的过度放电，其造成的影响通常是不可逆的，即使再充电，电池的可用容量也会有很大损失，循环寿命会快速衰减。

3. 充放电倍率

在大电流放电情况下，需要离子快速地嵌入、脱出正负极，反应速度很快，某些锂离子来不及脱嵌或穿越负极材料，放电过程就已经结束了。充放电倍率越大，电池容量衰减就越快。

4.1.2.4 锂离子电池的典型性能曲线

锂电池在放电过程中，它的工作电压总是随着时间的延续而不断变化，放电测试时记录的主要数据就是电压和电流随时间的变化情况，通过对这些原始数据的处理，可以得到锂电池的典型性能曲线。以电池的工作电压（电池的端电压）为纵坐标，以放电时间（或容量、SOC、DOD）为横坐标，绘制而成的曲线称为放电曲线。放电曲线中所包含的信息非常丰富，包括容量、能量、工作电压及电压平台、电极电势与荷电状态的关系等，可以获取很多锂电池的性能参数，是典型的锂电池的性能曲线。

1. 典型的放电曲线

图 4 - 2 所示为典型的电压 - 容量曲线，可以通过锂电池的放电过程直接测量数据进行绘制而得。

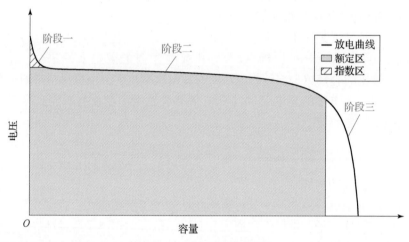

图 4 - 2　电压 - 容量曲线

从电压 - 容量曲线可以看出，在整个放电过程中，锂电池的电压曲线可以分为以下三个阶段。

阶段一：也就是初始阶段。在此阶段，电池的端电压快速下降。这个下降速度与放电倍率有关，放电倍率越大，电压下降得越快。

阶段二：也就是中间阶段。在此阶段，电池的端电压缓慢变化，因此这段时间也称为电池的平台区。平台区的持续时间与平台电压、放电倍率有关，放电倍率越小，平台区持续的时间越长，平台电压越高，电压下降越缓慢。

阶段三：也就是结束阶段。在此阶段，在电池电量接近放完时，电池的端电压开始急剧下降，直至达到放电截止电压。

2. 特性曲线包含的信息及处理方法

1）电压

在锂电池放电测试中，电池的电压参数主要包括平台电压、中值电压、平均电压、截止电压等。

平台电压：是指电压变化最小而容量变化较大时对应的电压值，可以通过 dQ/dU 的峰值得出。

中值电压：是指电池容量达到一半时对应的电压值，对于平台比较明显的材料（如磷酸铁锂和钴酸锂等），中值电压就是平台电压。

平均电压：是指电压–容量曲线的有效面积（即电池放电能量）除以容量，即

$$\bar{u} = \frac{\int_0^T V(t) \times I(t)\,dt}{\int_0^T I(t)\,dt} \qquad (4-2)$$

式中，$V(t)$——t 时刻的电压；

$I(t)$——t 时刻的电流；

T——最长放电时间。

截止电压：是指电池放电时允许的最低电压。如果电压低于放电截止电压后继续放电，电池两端的电压就会迅速下降，形成过放电。过放电可能造成电极活性物质损伤，失去反应能力，使电池寿命缩短。

2）容量

容量 C 可以通过在放电测试中采集的电流–时间数据，对电流进行积分计算得到，即

$$C = \int_0^T I(t)\,dt \qquad (4-3)$$

如果是恒流放电，则有

$$C = \int_0^T I(t)\,dt = IT \qquad (4-4)$$

如果是恒电阻 R 放电，则有

$$C = \int_0^T I(t)\,dt = \frac{1}{R}\int_0^T V(t)\,dt \approx \frac{\bar{u}T}{R} \qquad (4-5)$$

3）能量

输出能量 W 可以通过在放电测试中采集的电压–时间和电流–时间数据，对电压与电流的乘积进行积分计算得到，即

$$W = \int_0^T V(t) \times I(t)\,dt \qquad (4-6)$$

如果是恒流放电，则有

$$W = I \times \int_0^T V(t)\,dt = I\bar{u}T \qquad (4-7)$$

4.2　太阳能电池的原理与性能

4.2.1　太阳光

由于太阳能电池是将太阳能转化为电能的装置，因此与太阳的辐射具有十分重要的关系。在地球大气层之外，地球–太阳之间的平均距离处，垂直于太阳光方向的单位面积上的

太阳辐射功率基本上为一常数，这个辐射强度称为太阳常数，或称此辐射为大气光学质量为零（AM0）的辐射。目前，通过各种先进手段测得的太阳常数的标准值为（1 367 ±7）W/m²。

虽然地球大气层外的太阳辐射相对来说是恒定的，但地球表面的情况复杂。地面太阳辐射的可利用率、强度和光谱成分的变化显著且无法预测。对于低空太阳能飞行器，了解地球表面太阳能辐射特性也是十分重要的。影响地面太阳辐射的主要因素有：地球地表日照强度、漫射辐射、太阳视运动等。晴天，阳光通过大气层的路程（即大气光学质量）是一个重要的参数。对于不太理想的天气，阳光的漫射辐射部分尤为重要。对于世界上大部分地区而言，在水平面上接收到的年度全局辐射量都可以通过日照数据取得合理估算值。将这些估算数据用于具体地点时，由于各地地理条件有很大差异，可能会引入误差，因此在换算成倾斜面上的辐射时，得到的是近似值。

（1）地球地表的日照强度：阳光穿过地球大气层时，至少衰减了30%。造成衰减的主要原因有：瑞利散射或大气中的分子引起的散射，这种散射对所有波长的太阳光都有衰减作用，但对短波长的光衰减最大；悬浮微粒和灰尘引起的散射；大气及其组成气体（特别是氧气、臭氧、水蒸气和二氧化碳）的吸收。

（2）漫射辐射：到达地面的太阳光，除了直接由太阳辐射来的分量之外，还包括由大气层散射引起的相当可观的漫射辐射分量，所以其成分更为复杂。甚至在晴朗无云的天气，白天漫射辐射分量也可能占水平面所接收的总辐射量的10%~20%。在阳光不足的天气，水平面上的漫射辐射分量所占的百分比通常还要增加。介于晴天和阴天之间的天气，接收到的辐射约为晴天的一半，在所接收到的辐射中通常有50%是漫射辐射。

（3）太阳视运动：地球每天绕虚设的地轴自转一周。地球的自转平面相对于地球绕太阳公转的轨道平面有固定的夹角，这个夹角称作黄赤交角（23°26'）。由于上述关系，太阳相对于地球上某一固定点的观察者做视运动，在不同时刻呈现不同入射角度，如图4-3所示。

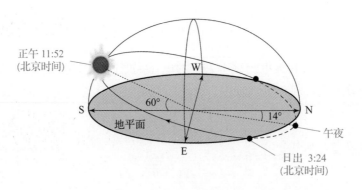

图 4-3　漠河（53°N）某日太阳视运动示意图

4.2.2　太阳能电池工作原理

太阳能电池的工作原理是基于半导体 PN 结的光生伏特效应，如图 4-4 所示。所谓光生伏特效应，就是当物体受到光照时，物体内的电荷分布状态发生变化而产生电动势和电流的一种效应。当光照射到 PN 结上时，产生电子-空穴对，在半导体内部 PN 结附近生成的载流子没有被复合而到达空间电荷区，受内部电场的吸引，电子流入 N 区、空穴流入 P 区，结果是 N 区储存了过剩的电子、P 区有过剩的空穴，它们在 PN 结附近形成与势垒方向相反的光生电场。光生电场除了部分抵消势垒电场的作用外，还使 P 区带正电、N 区带负电，在 N 区和 P 区之间的薄层产生电动势，这就是光生伏特效应。

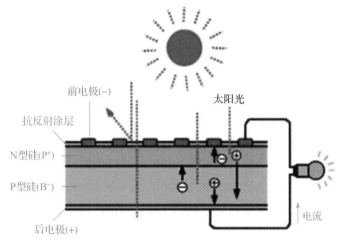

图 4 - 4　太阳能电池的工作原理

4.2.3　太阳能电池主要性能

4.2.3.1　太阳能电池的主要性能参数

图 4 - 5 所示为太阳能电池的电流 - 电压曲线，太阳能电池的主要性能参数可以在该曲线中体现。

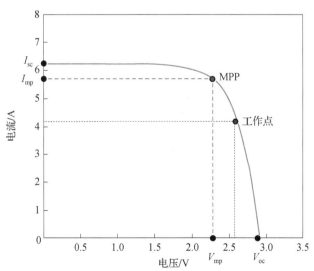

图 4 - 5　太阳能电池的电流 - 电压曲线

（1）开路电压（V_{oc}）：是指在标准温度环境，将太阳能电池置于 1 000 W/m² 强度的光源下照射，在输出端开路时太阳能电池的输出电压值。

（2）短路电流（I_{sc}）：是指在标准温度环境，将太阳能电池置于 1 000 W/m² 强度的光源下照射，在输出端短路时流过太阳能电池两端的电流值。

（3）最大输出功率（M_{PP}）：是指输出电压和电流乘积最大的点的功率值。

（4）最佳工作电压（V_{mp}）：是指与最大输出功率点对应的工作电压。

（5）最佳工作电流（I_{mp}）：是指与最大输出功率点对应的工作电流。

（6）光电转换效率：是指太阳能电池的输出功率与入射到太阳能电池表面的能量之比，是衡量太阳能电池把光能转换为电能的能力的重要指标，其值是一个百分数。

（7）填充因子（FF）：是指矩形 $I_{mp}V_{mp}$ 与矩形 $I_{sc}V_{oc}$ 的面积之比，是评价太阳能电池性能优劣的重要指标之一，直接反映了电池的转换效率。理想情况下，FF 的值为 1；实际的 FF 值恒小于 1。

4.2.3.2 影响太阳能电池性能的主要因素

影响太阳能电池性能的因素很多，其中，光照强度和温度是影响较大的主要因素，如图 4-6 所示。

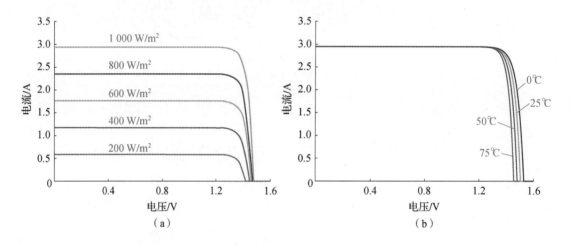

图 4-6 光照强度与温度对太阳能电池性能的影响

（a）光照强度对太阳能电池性能的影响；（b）温度对太阳能电池性能的影响

（1）由图 4-6（a）可以看出，随着光照强度的增加，太阳能电池的开路电压变化幅度较小，但是，短路电流明显增加，太阳能电池可提供的最大功率明显增加。这是因为，随着光照强度的增加，半导体 PN 结的光生伏特效应增强，进而导致光生电流增加。

（2）由图 4-6（b）可以看出，随着温度的降低，太阳能电池的短路电流基本不变，但开路电压增高，可用工作电压增高，太阳能电池可提供的最大功率增加。这是由半导体材料的负电阻率温度特性导致的，随着温度降低，半导体材料电阻率减小，使太阳能电池内部损耗变小、输出功率增加。

4.2.3.3 太阳能电池的典型性能曲线

1. 典型的性能曲线

在不同的光照条件下，以太阳能电池的工作电流为纵坐标、工作电压为横坐标，绘制而成的曲线称为太阳能电池的电流-电压（I-V）特性曲线，如图 4-7（a）所示；以太阳

能电池的输出功率为纵坐标、工作电压为横坐标，绘制而成的曲线称为太阳能电池的功率 –
电压（P – V）特性曲线，如图 4 – 7（b）所示。这两条曲线是太阳能电池的典型性能曲线。

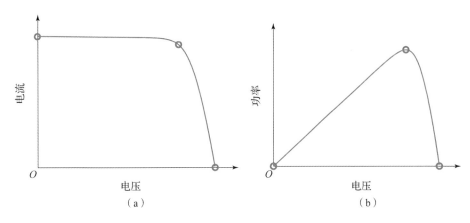

图 4 – 7 太阳能电池的特性曲线（25 ℃）

（a）电流 – 电压曲线；（b）功率 – 电压曲线

可以看出，在太阳能电池的光电转换过程中，其输出电压和输出电流为非线性关系，这
表明太阳能电池既不是标准的恒压源，也不是标准的恒流源。

太阳能电池的 I – V 特性曲线、P – V 特性曲线都可以分为两个阶段：

（1）当输出功率小于最大输出功率点时（图 4 – 7（a）），随着电压的变化，输出电流
基本保持不变，呈现恒流特性。当输出功率大于最大输出功率点时，随着电压的变化，输出
电流的变化十分显著。

（2）当输出电压小于最大输出功率点对应的电压时（图 4 – 7（b）），随着电压的增加，
输出功率也在不断增加。当输出电压大于最大输出功率点对应的电压时，随着电压的增加，
输出功率不断减小。

2. 特性曲线包含的信息及处理方法

特性曲线中所包含的信息丰富，包括开路电压、短路电流、最佳工作电压、最佳工作电
流等。特性测试时记录的主要数据就是电流和电压随时间的演变，从这些基础数据可以获取
很多参数，以下详细介绍特性曲线包含的信息与处理方法。

1）电压

太阳能电池特性测试中，电压参数主要包括开路电压、最佳工作电压等。

开路电压：是记录得到的电子负载电压最大值，即无法正常工作的临界值。由于实际测
量时往往处于非理想光照条件，因此太阳能电池开路电压可能无法达到额定值。

最佳工作电压：是指最大输出功率点对应的工作电压。

2）电流

太阳能电池特性测试中，电流参数主要包括短路电流、最佳工作电流等。

短路电流：是记录得到的电子负载电流最大值。

最佳工作电流：是指最大输出功率点对应的工作电流。

3）最大输出功率点

最大输出功率点：是指能使输出电压和电流的乘积最大的状态，即输出功率最大值。

4.3 氢燃料电池的原理与性能

4.3.1 氢及储氢形式

氢是宇宙中含量最丰富的元素，其主要的同位素由一个质子和一个电子组成，该电子在角动量最低时处于基态（1s 态），具有 -2.18×10^{-18} J 的能量（以原子核和电子的距离为无限远时的能量为零），是一种含能很高的能源。氢气的特性如表 4 - 1 所示。

表 4 - 1　氢气的特性

参数	数值
电子在 1s 轨道上结合（电离）能/J	2.18
H_2 分子量/$(g \cdot mol^{-1})$	2.016
H_2 原子平均距离/nm	0.074
101.33 kPa 和 298 K 下的密度/$(kg \cdot m^{-3})$	0.084 3
101.33 kPa 下的熔点/K	13.8
101.33 kPa 下的沸点/K	20.3
298 K 下的恒压比热容/$[kJ \cdot (K \cdot kg)^{-1}]$	14.3

氢燃料电池以氢气为燃料，因此制氢、储氢对于氢燃料电池的应用都是十分重要的影响因素。氢气的制备方式有很多种，主要包括煤制氢、电解水制氢、核能制氢、风能制氢、太阳能制氢、副产制氢等。储氢方式主要取决于应用，在用于交通运输及飞行器领域时，需要存储的体积能在运载器里容纳得下，存储的重量不会影响载体的性能；对于建筑集成应用时，通常必须限制存储容量；对于在电厂或偏远地区的专用存储器，则可以有更大的余地。表 4 - 2 给出了不同储氢形式以质量和体积计的存储密度。

表 4 - 2　主要储氢形式对比

存储形式	能量密度/$(kJ \cdot kg^{-1})$	能量密度/$(MJ \cdot m^{-3})$	密度/$(kg \cdot m^{-3})$
气态（0.1 MPa）	120 000	10	0.09
气态（20 MPa）	120 000	1 900	15.9
气态（30 MPa）	120 000	2 700	22.5
液态	120 000	8 700	71.9
在典型金属化合物内	2 100	11 450	5 480

以压缩气体的形式储氢是目前最常见的存储形式。标准气瓶的压力为 10 ~ 20 MPa，氢燃料电池气瓶存储压力范围为 25 ~ 35 MPa。为了能够存储足够的能量，目前已有存储系统的压

力范围提高至 70 MPa 及以上。

液态储氢需要制冷到 20 K 以下，并在液化过程中需要工业设施，至少消耗能量 15.1 MJ/kg，实际能耗是目前制冷技术的近 3 倍。在液化过程中需要非常干净的氢气，以及多个循环。最初开发液氢存储技术是用于大型航天飞行器，目前已有小型氢燃料电池无人机采用液氢作为燃料存储方式的，如美国的"离子虎"无人机等。

4.3.2　氢燃料电池工作原理

氢燃料电池是将氢气和氧气的化学能直接转换成电能的发电装置。其基本原理是电解水的逆反应，把氢和氧分别供给阳极和阴极，氢通过阳极向外扩散和电解质发生反应后，放出电子，电子通过外部的负载到达阴极。以氢气燃料作还原剂、氧气作氧化剂，通过燃料的电化学反应将化学能转变为电能，电池接通电路后，这一类似于燃烧的反应过程就能连续进行。

具体的反应过程：向负极供给燃料（氢），向正极供给氧化剂（氧气），氢在负极上的催化剂的作用下分解成正离子 H^+ 和电子 e^-。氢离子进入电解液，而电子则沿外部电路移向正极，用电的负载就接在外部电路中。在正极上，氧气同电解液中的氢离子吸收抵达正极上的电子形成水。总的反应过程如下：

正极反应：$H_2 \rightarrow 2H^+ + 2e^-$

负极反应：$\dfrac{1}{2}O_2 + 2H^+ + 2e^- \rightarrow H_2O$

总反应：$\dfrac{1}{2}O_2 + H_2 \rightarrow H_2O$

图 4-8 是一个典型的质子交换膜燃料电池（PEMFC）单元，主要由质子交换膜、多孔扩散层（阳极与阴极）、催化层等部分组成。

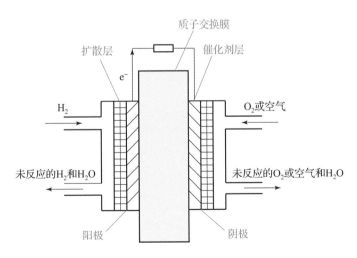

图 4-8　典型的质子交换膜燃料电池单元

1）质子交换膜

质子交换膜（proton exchange membrane，PEM）是质子交换膜燃料电池的核心部件，对电池性能起着关键作用。在燃料电池内部，质子交换膜为质子的迁移和输送提供通道，使得质子经过膜从阳极到达阴极，与外电路的电子转移构成回路，向外界提供电流，因此质子交换膜的性能对燃料电池的性能起着非常重要的作用，它的好坏直接影响电池的使用寿命。

2）多孔扩散层（阳极与阴极）

两片多孔气体扩散层将膜电极组合体夹在中间，主要起气体扩散和收集电流的作用。多孔扩散层的主要功能：实现气体在催化层表面的扩散；提供机械支撑；导通电流；排除反应生成水。扩散层的材质是经疏水材料处理的碳基材料（碳纸或碳布）。

3）催化层

催化层（电极）位于膜和扩散层中间。电极由催化剂和黏合剂组成，阳极和阴极都使用铂基催化剂。为促进氢氧化反应（HOR），阳极使用碳载纯铂催化剂。碳载纯铂催化剂也用于阴极氧还原反应（ORR）。

在常温常压下，质子交换膜燃料电池的理论电动势（开路电压）为 1.22 V 左右。但实际状况下，开路电压一般小于 1.0 V。这是由于在电池内部一般不可避免地会发生氢气渗透现象。另外，电池内部的局部短路也会造成开路电压的下降，尤其是使用时间较久的电池更加会存在这个问题。

4.3.3 氢燃料电池主要性能

4.3.3.1 氢燃料电池的主要性能参数

（1）电流密度：是指单位电极面积上的电流强度，单位是 mA/cm^2。

（2）功率密度：是指燃料电池可输出的最大功率除以整个燃料电池系统的质量或体积，单位是 W/kg 或 W/L。

（3）效率：是指燃料电池将氢转化的电能与原料氢所含的化学能的比。目前，质子交换膜燃料电池的转化效率在 50%~60% 之间。

（4）寿命：通常是指电池工作的累积时间（小时），一般为 3 000~5 000 h。

图 4-9 所示为上海攀业公司的 EOS-1000 氢燃料电池，其额定功率为 1 000 W，利用空气作为氧化剂和冷却介质，通过调节风扇转速对燃料电池系统进行冷却，具体参数见表 4-3。

图 4-9 EOS-1000 氢燃料电池

表 4 – 3　EOS – 1000 氢燃料电池主要性能参数

性能	额定功率/W	1 000 *
	额定电压/V	36
	额定电流/A	27
	电压范围/V	35 ~ 54
	发电效率/%	≥50
燃料	氢气纯度/%	≥99.9
	氢气工作压力/bar	0.5 ~ 0.6
	氢气消耗量/(L · min^{-1})	13（额定功率）
工作条件	环境温度/℃	– 5 ~ 40
	环境湿度（RH）/%	10 ~ 95

注：带 * 的数据是在 15 ~ 30 ℃ 的环境温度范围和 30% ~ 90% 的环境湿度范围内取得的。

4.3.3.2　影响氢燃料电池性能的主要因素

氢燃料电池发电系统是一个较为复杂的非线性电化学反应系统，其输出性能受诸多因素交叉影响，如燃料电池工作温度、反应气体流量和供气压力等，在发电过程中需要对燃料电池的操作条件进行管理，否则会引起燃料电池性能的急速下降。为了确保燃料电池相对稳定的运行状态，保持燃料电池高性能输出，延长燃料电池使用寿命，必须对燃料电池的热量、气体流量及电特性等管理单元的特点有充足的了解。

1. 活化对电池性能的影响

燃料电池堆在放置时间较长时需要进行活化，才能达到最佳性能状态。活化通常包括以下过程：质子交换膜的加湿过程；物质（包含电子、质子、气体、水）传输通道的建立过程；电极结构的优化过程；提高催化层的活性和利用率过程。空冷自增湿质子交换膜燃料电池没有额外的增湿附件，仅采用反应产生的水进行增湿。长期暴露在干燥的空气中存放，易导致质子交换膜失水变干，从而使电导率降低、膜电极组件中的催化剂活性降低，进而导致燃料电池堆性能下降。因此，质子交换膜燃料电池放置时间较长时（3天以上），正常运行之前都需要进行活化。尤其是启用长期存储状态的燃料电池，活化对其性能有重要影响，且需要进行多次活化。

2. 温度对电池性能的影响

质子交换膜燃料电池在发电过程中大约有 40% ~ 50% 的能量以热能方式耗散，它们主要来自电池电化学反应产生的反应热、欧姆极化产生的焦耳热、反应气体经加湿后带入堆内的热量和电堆自身从周围环境吸收的辐射热量。其中，质子交换膜燃料电池不可逆的电化学反应所产生的废热比例高达 40% ~ 60%，因此有必要对发电运行过程中的热量管理给予更多的关注。

质子交换膜燃料电池在工作时应使电堆温度保持在适当的范围内，以便电化学反应维持在最佳反应状态且保证电池组件材料完整性不被破坏。不均匀的堆温分布可能会引起电化学反应速率的变化并导致反应气体中水的蒸发或冷凝。若产热过少，电堆温度过低，电化学反应速率会减慢，电池整体性能变差，在适当的高温条件下，电化学反应加快，质子交换膜燃料电池系统性能更优。但若产热过多，导致质子交换膜表面局部温度过高，则膜会发生脱水、收缩、皱折或破裂等现象。由于干膜的欧姆电阻较高，电堆输出电压会变低。此外，受损的膜可能导致输出电压降至适当范围以下，使电极溢流并引起质子交换膜燃料电池性能和效率的下降。因此，必须更有效和高效地管理产生的热量，以保持整个电堆温度分布均匀，保证电堆和电解质膜湿度的平衡性，避免影响电堆性能和电池各部件的安全运行，同时也可起到降低燃料消耗，延长电池使用寿命的作用。

3. 气体流量对电池性能的影响

在质子交换膜燃料电池反应子系统中，作为反应物的氢气和空气以一定的化学计量比进入电堆，而后到达质子交换膜，反应产生电能和水。一方面，使用燃料处理器（通常是天然气或甲醇蒸汽重整器）在质子交换膜燃料电池电堆阳极处供应氢气，或者直接由加压氢气罐产生氢气；另一方面，使用鼓风机或压缩空气罐在质子交换膜燃料电池电堆阴极处供应空气。气体流量的大小对于质子交换膜燃料电池的输出功率有比较大的影响。一般情况下，氢气和空气以规定量和固定的化学计量比供应，产生的能力足够质子交换膜燃料电池系统以额定功率运行。

4. 电特性对电池性能的影响

质子交换膜燃料电池的输出特点主要是低电压、大电流，它在工作状态下的电流密度最高可达到 1.5 A/cm^2，而且对于输出功率相同的电池组，可以通过增大片电极工作面积来减少电堆单电池个数，从而方便燃料气体在电堆内的分配，提高电堆片电压的均匀度。

质子交换膜燃料电池的动态内阻通常为毫欧姆（$m\Omega$）级。实验表明，当燃料电池输出功率达到峰值时，其输出电压仅约为开路电压的一半。而且在燃料电池正常发电工作情况下，输出电压随负载电流的增加而减小，压降幅度也越来越小。

燃料电池对功率脉冲适应能力弱、负载跟踪性能较差。造成这一现象的一部分原因是电池内阻相对较大，另一部分原因则是电极动力学反应缓慢、电堆内部气体压力和水合状态不正常。电极动力学反应缓慢是指由于堆内温度变化或气体供应不足导致电化学反应活性降低，生成电子能力减弱，无法迅速改变电力输出来应对负载变化。电堆内部气体压力不正常主要是指当负载电流较大时，气体供应失衡，无法实时满足负载功率的需求。水合状态不佳分为电极淹没和膜失水两种。电极淹没主要是因为堆内电化学反应剧烈，生成大量水却未及时排出造成的，电极淹没会阻碍反应气体的扩散，导致反应不充分；膜失水一般是在高温状态下，电解质膜失水变干，传质能力减弱，从而对瞬态负载变化响应变慢。

5. 发电效率对电池性能的影响

质子交换膜燃料电池发电系统效率是指燃料存储的化学能转化为电能的效率，是除电堆输出电压之外反映燃料电池输出性能的另一重要指标。质子交换膜燃料电池存在一个独特的工作点，称为最大效率点，燃料电池系统在该操作点达到最高效率。此外，改变操作点将改变燃料电池堆产生的功率以及辅助系统消耗的寄生功率，进而导致系统整体效率的改变。因此，找到燃料电池工作的最大效率点并进行跟踪，对提高燃料电池乃至整个动力系统的性能都是十分必要的。

4.3.3.3　氢燃料电池的典型特性曲线

1. 燃料电池特性曲线

氢燃料电池在放电过程中，它的工作电压会随着工作电流等条件影响而发生变化。以电池的工作电流作为横坐标、工作电压作为纵坐标，绘制而成的曲线称为伏安特性曲线，如图 4 – 10 （a） 所示；以电池的工作电流为横坐标、输出功率为纵坐标，绘制而成的曲线称为功率特性曲线，如图 4 – 10 （b） 所示。

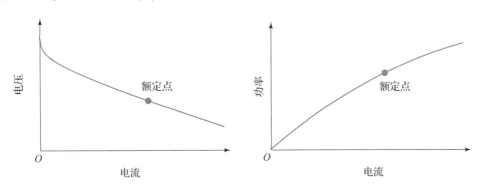

图 4 – 10　燃料电池特性
(a) 伏安特性曲线；(b) 功率特性曲线

可以看出，燃料电池电压随着电流的增大而不断减小，因此为了其能与锂电池匹配输出，需要 DC/DC 稳定燃料电池的输出电压，同时可以对燃料电池的输出电流进行限制，以达到控制燃料电池功率的目的。

2. 特性曲线包含的信息及处理方法

特性测试时记录的主要数据就是电流和电压的时间演变，从这些基础数据可以获取很多参数，以下详细介绍放电曲线包含的信息与处理方法。

（1）燃料电池功率。放电曲线中，燃料电池功率的计算式如下：

$$P(t) = V(t) \times I(t) \tag{4 – 8}$$

（2）燃料电池堆效率。燃料电池堆效率是将氢气的化学能转化为电能的效率，也是燃料电池重要的性能指标。其计算公式如下：

$$\eta = \frac{I \times V}{m_H \times LHV} \tag{4 – 9}$$

式中，I——燃料电池堆电流；

　　　V——燃料电池堆电压；

　　　m_H——氢气的质量；

　　　LHV——氢气低位热值，即 130 MJ/kg。

图 4 – 11 所示为燃料电池堆效率随功率变化的曲线。从图中可以看出，当燃料电池堆的输出功率较低时，燃料电池的效率随功率近似呈指数增加，当输出功率在某一个区间内时，效率达到最高，且维持较宽的功率范围，该范围即为燃料电池的最佳工作区间。

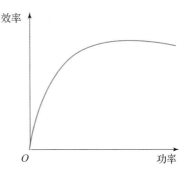

图 4 – 11　燃料电池堆效率
随功率变化的曲线

4.4　电池基本性能测试实验

4.4.1　锂离子电池充放电特性实验

锂电池充放电
实验视频

1. 实验目的

（1）学习锂电池基本性能指标测试方法。

（2）学习锂电池充放电测试设备的使用，掌握充放电操作方法。

（3）分析锂电池的充放电工作过程，深入理解性能指标含义。

2. 实验内容

（1）锂电池静态容量测试。

（2）基于 HPPC 方法的锂电池内阻测试。

3. 实验设备及软件

本实验所需的设备包括锂电池、电子负载、交流转直流电源（以下简称"直流源"）、充电器、上位机、电子负载上位机软件及充放电数据记录软件，如表 4 - 4 所示。

表 4 - 4　本实验所选用设备及软件

序号	类别（设备/软件）	设备及软件名称	型号/规格
1	实验设备	锂电池	格氏 1 000 mAh 3S 锂电池（充电）、格氏 5 300 mAh 6S 锂电池（放电）
2	实验设备	电子负载	ZY8715 电子负载
3	实验设备	充电器	iCharger 308DUO 充电器
4	实验设备	交流转直流电源	天空创新 SkyRC eFuel 1 200 W/50 A 直流稳压电源
5	实验设备	上位机	PC
6	软件	电子负载上位机软件	Load Monitor
7	软件	充放电数据记录软件	LogView

本实验示例中，锂电池选用航模常用的聚合物锂电池，如图 4 - 12（a）所示，其主要参数如表 4 - 5 所示。考虑到实验时间和经济成本，在充电实验中选用了容量为 1 000 mAh 的 3 片电芯串联成包的锂电池。该电池的正极材料为工程应用最广泛、技术最成熟的钴酸锂，其标称容量单片电芯最低放电电压为 3.0 V，则电池包容量测定最低放电电压为 9.0 V。

本实验示例中选用 iCharger 308DUO 锂电池充电器，如图 4 - 12（b）所示，其主要参数指标如表 4 - 5 所示。其输入电压范围为直流 10～30 V，因此通常配置一个交流转直流（AC/DC）电源为其供电（本示例选用天空创新 SkyRC eFuel 1 200 W/50 A 直流稳压电源）。该充电器的主要特点是支持双通道同步和异步充放电，且支持串口通信，能够使用 LogView 上位机软件实时读取两个通道的数据并记录，这对后续的锂电池充放电性能分析尤其重要。

（a）　　　　　　　　　　　　　　（b）

图 4 – 12　实验选用锂电池和充电器

（a）ACE 1 000 mAh 聚合物锂电池；（b）iCharger 380DUO 锂电池充电器

表 4 – 5　实验示例中选用的锂电池和充电器的主要参数

示例设备选型	性能参数	取值
聚合物锂电池	锂电池正极材料体系	钴酸锂
	标称容量/mAh	1 000
	标称电压/V	11.1
	最大放电倍率/C	25
	最大充电倍率/C	5
	电池串数/串	3
	单片电芯标称电压/V	3.7
	单片电芯极限电压范围/V	[3.0, 4.2]
	正常工作单片电芯电压范围/V	[3.6, 4.2]
	尺寸/mm	72 × 35 × 19
	质量/g	97
充电器	输入电压范围/V	[10, 30]
	最大输入电流限制/A	< 60，单通道限制 < 40
	最大充电功率/W	1 300（单通道 800 W，输入电压 > 23.5 V）
	最大放电功率/W	120（单通道 80 W）
	最大平衡电流/A	2.4，Syn. Mode；1.2，Asyn. Mode
	通信接口	串口通信
	外观尺寸/mm	171 × 118 × 59
	质量/kg	0.91

4. 实验过程

1）设备连接

锂电池充放电特性实验连接如图 4-13 所示，考虑到实验前通常无法确定锂电池的初始电量，因此需要先将待测锂电池充满电，再放电。

（1）充电实验连接过程。首先，确保直流源未上电状态，与充电器连接，并采用 USB 线连接充电器与上位机。在充电器设置好之后，将锂电池接入充电器。注意：先接入锂电池的主放电接口（如 XT60 接头），再接入电压反馈接口（即平衡头）。

（2）放电实验连接过程。先连接电子负载和上位机，待上电启动后，再接入锂电池。

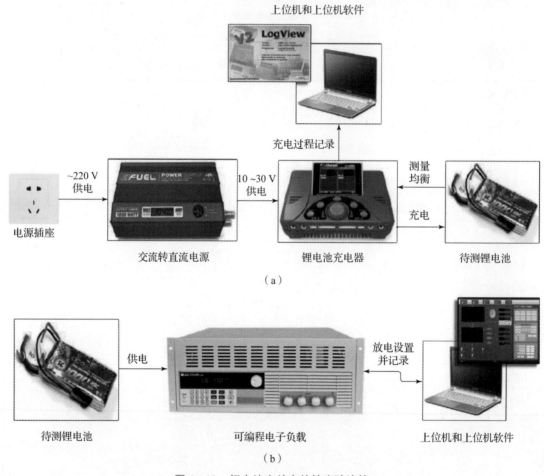

图 4-13　锂电池充放电特性实验连接

（a）充电实验连接图；（b）放电实验连接图

2）锂电池充电操作

关于充电器的操作说明详见《iCharger 308DUO 使用说明书》，此处仅给出本实验示例的相关操作。

具体实施如下：

（1）充电设备上电启动。直流源上电启动，并调节输出电压旋钮，将输出电压调节到锂电池充电器允许的输入电压范围之内，本示例中调节到 30 V 即可。然后，将锂电池充电器上电，并等待初始化完成，即可进行充电器设置。

（2）输入电源类型设置。上电开机后，系统会在首界面延时 5 s 之后进入初始界面，延时期间，按【TAB/SYS】键可进入"电源切换"界面，如图 4 - 14 所示，选择"DC Power Supply"，即直流电源。如果此步没来得及选择，也可在"SYSTEM MENU"→"Charger Setup"→"Power Supply"下进行设置，具体步骤参见使用说明书。

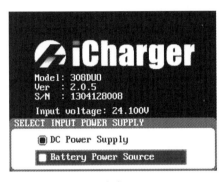 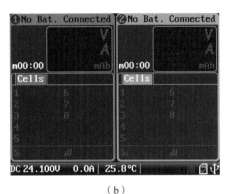

（a） （b）

图 4 - 14 选择电源类型并完成初始化

（a）选择输入电源的类型；（b）充电器初始化完成后的界面

（3）充电电源类型选择。在初始界面下按【STOP/START - x】键，弹出"BATTERY MEMORY SELECTION"对话框，如图 4 - 15 所示，选择"LiPo"，即聚合物锂电池。

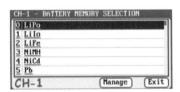

图 4 - 15 选择聚合物锂电池类型 LiPo

（4）设置充电参数。将黑影聚焦到"LiPo"位置处，按旋钮，进入充电器程序设置界面，如图 4 - 16（a）所示。确保黑影聚焦到"Charge"，然后按【TAB/SYS】按钮退出聚焦。旋转旋钮，移动红色光标框到"Current"，然后按旋钮，使黑影聚焦在红框中，再逆时针旋转旋钮，将充电电流调节到 1 C 倍率，本示例为 1 A。设置完成后，按旋钮，退出黑影聚焦，如图 4 - 16（b）所示。

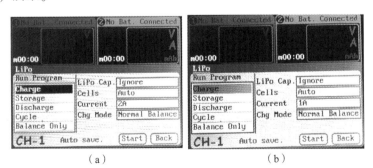

（a） （b）

图 4 - 16 充电参数设置

（a）设置界面；（b）设置完成

（5）接入锂电池。将锂电池的主接口接入充电器的 CH-1 通道，并将锂电池平衡头接入 CH-1 通道的平衡板，对应锂电池的串联片数。

（6）开始充电。移动红框光标至 "Start"，按旋钮，弹出对话框提示是否开始充电，如图 4-17 所示。通过旋钮选择 "Yes" 并按旋钮，即可开始充电，此时的界面信息如图 4-18 所示。

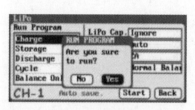

图 4-17　确认充电开始

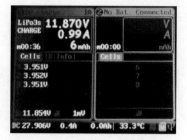

图 4-18　充电过程界面显示信息

（7）查看电池状态信息。程序运行时，按【STATUS】键可以切换多页面信息显示，各页面显示内容如图 4-19 所示。

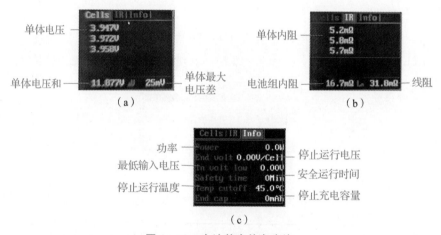

图 4-19　电池状态信息查询

(a) 单体电压页面；(b) 内阻页面；(c) 信息页面

（8）上位机设置 LogView 软件连接。在上位机运行 LogView 软件，通过 "File" → "Language" → "English" 选择软件语言为英语。然后，在 "Device" 菜单中，单击 "Choose device and port"（即选择设备和接口），在设备列表中选择 "Junsi iCharger 308 DUO"，并选择正确的通信端口，如图 4-20 所示。

（9）实时显示并记录充电过程信息。如图 4-21 所示，按图中编号顺序，选择对应通道 Channel1 和需要显示的和保存的状态信息，然后点击启动按钮 "Start recording"，即可启动数据记录，同时绘制实时曲线并显示。

（10）实时数据表显示并保存。如图 4-22 所示，按照编号顺序，先选择列表模式切换到数据记录表显示界面，等待充电完成后，再单击 "Stop recording" 按钮停止记录，并通过 "Save As" 按钮将数据文件保存到指定位置，也可以通过 "File" → "Import table" → "Table as CSV" 保存为 .csv 格式文件，以便外部读取。

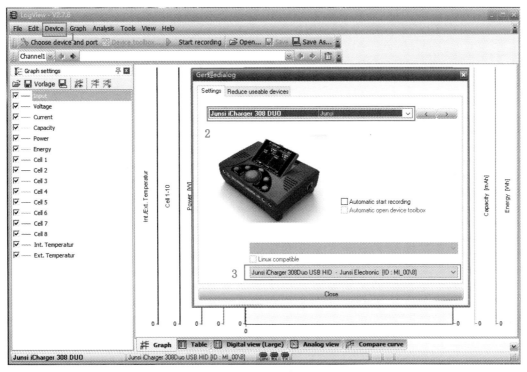

图 4 - 20 选择正确设备和通信端口

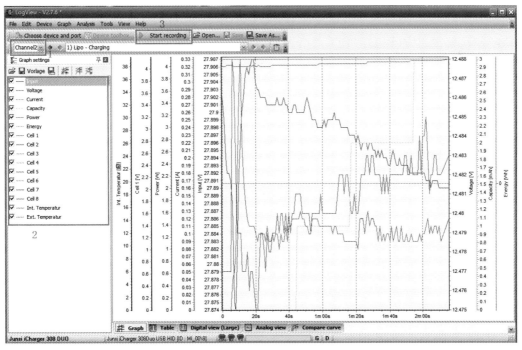

图 4 - 21 数据记录并绘制实时曲线

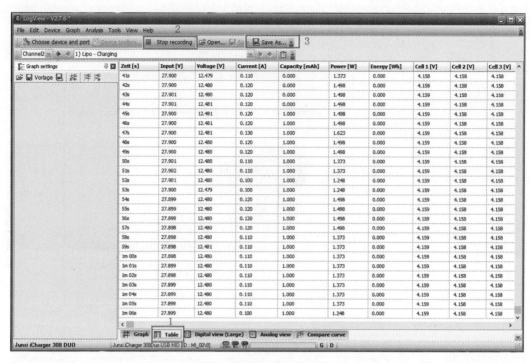

图 4 - 22　数据列表显示

3）锂电池放电操作

（1）放电设备上电启动。电子负载和上位机上电启动，在上位机中打开监控软件 Load Monitor，观察状态栏的 RX 灯和 TX 灯。若均闪烁，则通信成功；否则，需检查串口连接和波特率设置。

（2）电池模式设置。如图 4 - 23 所示，从菜单栏中选择"电池"，进入电池测试设置界面，然后设置充电停止条件，本示例中的设置参数如表 4 - 6 所示。

图 4 - 23　电子负载监控软件设置示意图

表 4 – 6　电池参数与放电测试条件设置

设置参数	取值
截止电压/V	18.0（单片电池电压为 3.0 V）
放电电流/A	2.65（0.5 C 放电）
采样时间/ms	1 000
延时时间/s	0

（3）启动放电。将锂电池接入电子负载，确认锂电池电压为满电电压（本例为 25.2 V）后，单击图 4 – 23 中的"开始"按钮，即开始放电，并从实时放电曲线中看到当前的电压状态。

（4）保存数据。当电压降到设定截止电压后，电子负载自动停止加载。单击"报表"按钮，将实验过程的数据导出为 Excel 文件，该文件的保存位置为 Load Monitor 软件的安装目录下的 battery 文件夹。

（5）停止实验。断开锂电池与电子负载，关闭电子负载电源开关，关闭上位机软件及上位机，静置锂电池 15 min 后，测量锂电池开路电压，并记录。

4）HPPC 锂电池内阻测试

标准 HPPC 测试方法如图 4 – 24 所示。取充满电的待测锂电池，先进行一次完整放电和充电过程。静置 1 h 后，进行脉冲式恒定电流加载，并消耗 10% 的电量。静置 1 h 后，重复上一步的脉冲加载，总共进行 10 次脉冲加载，以将锂电池全部电量放完。

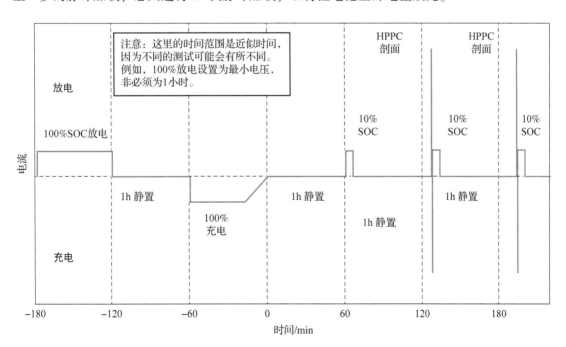

图 4 – 24　标准 HPPC 测试方法示意

具体实施如下：

（1）待测锂电池准备。将充满电的待测锂电池以 1 C 倍率放电。静置 1 h 后，再以 1 C 倍率充满电，然后静置 1 h。

（2）放电脉冲剖面设置。在电子负载上位机软件选择"自动测试"选项卡，将"工作模式"选择"CC"（即恒流加载模式），将"测量项"选择"V"（即电压）。然后，第 1 步，设置 1 C 倍率电流，本示例为 1 A，放电时间设置为 1/10 h，即 360 s；第 2 步，设置放电流为 0 A，延时为 3 600 s；将这两个步骤重复 10 次，如图 4 - 25 所示。

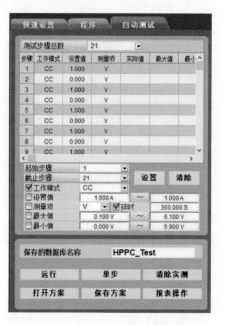

（3）按程序加载并导出报表。单击"运行"按钮，即可执行 HPPC 加载剖面，此时观察锂电池电压变化情况，为保护锂电池，当锂电池工作电压降到 3.2 V 以下时，则停止加载，后续测试剖面不再进行。然后，单击"报表操作"按钮，即可导出数据报表。

（4）停止实验。测试完成或停止加载后，将电子负载设置为"Off"状态，然后断开锂电池与电子负载，最后关闭电子负载电源开关。

图 4 - 25　设置 HPPC 加载剖面

5. 讨论与思考

（1）根据实验数据分析锂电池的实测容量与标称容量的差异。

（2）根据 HPPC 测试方法，如何计算锂电池的内部电阻？

（3）分析锂电池放电过程在不同容量下的内阻是否相同。

（4）总结根据锂电池的充放电伏安特性和容量特性过程曲线，讨论其可分为几个阶段，每个阶段有何特点。

（5）讨论不同放电倍率下的放电特性曲线特点。

（6）如何在线估计锂电池电量状态？

4.4.2　太阳能电池伏安特性实验

1. 实验目的

（1）掌握太阳能电池的基本电力特性，深度理解太阳能电池的工程参数。

（2）学习太阳能电池板测试方法及其测试设备的使用。

（3）分析不同俯仰角度对太阳能电池放电特性的影响。

2. 实验内容

（1）均匀辐照下太阳能电池板伏安特性测试。

（2）局部遮挡下太阳能电池板伏安特性测试。

3. 实验设备及软件

本实验所需的设备包括太阳能电池板及太阳能测试台、太阳能电池测试仪、太阳辐照度计、遮光板、上位机、太阳能电池测试仪上位机软件，如表 4 – 7 所示。

表 4 – 7　本实验所选用设备及软件

序号	类别（设备/软件）	设备及软件名称	型号/规格
1	实验设备	太阳能电池板及太阳能测试台	MLT300 – 72 型 300 W 标准太阳能电池板； NE – STB V1.0 角度可调太阳能电池板测试台
2	实验设备	太阳能电池测试仪	6592A 便携式测试仪
3	实验设备	太阳辐照度计	87110A 太阳辐照度计
4	实验设备	遮光板	遮光板
5	实验设备	上位机	PC
6	软件	太阳能电池测试仪上位机软件	MiniSunAna

本示例中，太阳能电池板测试台为自主研制的 NE – STB V1.0 角度可调太阳能电池板测试台（简称"太阳能测试台"，搭载 MLT300 – 72 型 300 W 标准太阳能电池板），太阳能电池测试仪为 6592A 型便携式测试仪（简称"测试仪"），配套 87110A 太阳辐照度计（简称"辐照度计"）使用，设备外形如图 4 – 26 所示，主要参数如表 4 – 8 所示。关于太阳能电池测试仪和辐照计的详细介绍参见《6592A 太阳能电池测试仪用户手册》和《87110A/B 太阳辐照度计用户手册》。

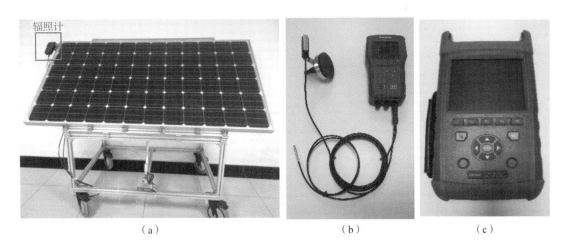

（a）　　　　　　　　　　　　　（b）　　　　　　　（c）

图 4 – 26　主要实验设备

（a）太阳能测试台；（b）辐照度计；（c）测试仪

表 4 – 8　主要测试设备参数

主要实验设备	性能参数	取值
NE – STB V1.0 角度可调太阳能电池板测试台（搭载 MLT300 – 72 型太阳能电池板）	太阳能电池板铅垂面可调角度/(°)	0 ~ 90
	太阳能电池板水平面可调角度/(°)	0 ~ 360
	太阳能电池板最大功率/W	300
	太阳能电池板开路电压/V	44.78
	太阳能电池板短路电流/A	8.78
	太阳能电池板最大功率点电压/V	36.00
	太阳能电池板最大功率点电流/A	8.33
太阳能电池测试仪 6592A	输入电压范围/V	[0, 200]
	最大输入电流限制/A	[0.01, 20]
	最大功率测试范围/W	[0.1, 500]
	电压测试准确度*	±0.2% ±0.1 V
	电流测试准确度*	±0.2% ±0.01 A
太阳辐照度计 87110A	辐照度测量范围/(W·m⁻²)	[0, 1 800]
	角度显示范围/(°)	[0, 90]
	温度测试范围/℃	[-20, 100]
	辐照度测试准确度**	±3.0% 读数
	温度测试准确度/℃	±1

注：*：在 25 ℃标准测试环境下进行测试。

　　**：辐照度测试准确度会因为大气条件不同以及周围环境的影响而产生改变，±3.0% 读数准确度指标是在满足 AM1.5 光谱分布的 AAA 级太阳模拟器辐照下测得的。

4. 实验过程

1）设备连接

太阳能电池板的测量不仅需要测量电池板本身，还需要测量辐照条件以及温度条件。

按照图 4 –27（a）所示的连接关系，完成实验设备硬件连接。其中，太阳能电池板需要固定安装在太阳能测试台上，以便调节照射在太阳能电池板上的有效辐照度；太阳能电池板与太阳能电池测试仪通过专用电路连接线连接，辐照度仪与太阳能电池板平行安放 [图 4 –27（b）]，辐照度仪将测得辐照、倾斜角度、温度等数据实时传输至太阳能电池测试仪。

2）启动并调试测试仪和辐照度仪

长按测试仪的电源键 3 s，设备发出"滴"声后，屏幕亮起，等待自检和系统准备。长按辐照度计的电源键 3 s，辐照度计第一个灯常亮，第二个灯闪烁，启动完成。将辐照度仪和太阳能电池板置于阳光下，观察光照强度是否有读数。若有读数，则证明测试仪与辐照度

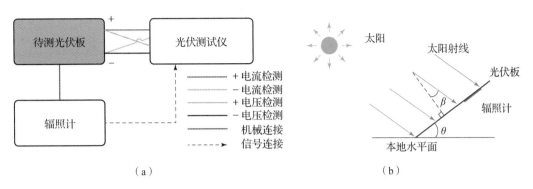

图 4 – 27　太阳能电池实验系统连接原理图

(a) 实验系统；(b) 光强改变方法

计通信正常；否则，根据通信灯闪烁情况，检查通信协议是否匹配。正常情况下，两者之间是蓝牙通信模式（第二个灯闪烁一次为蓝牙通信，闪烁两次为 RS232 串口通信）。

3）基本性能测试

遥控测试台调整太阳能电池板角度，在预定光照强度附近（建议实际光照强度与预定光照强度的误差在 ±50 W/m² 内）停止角度调整。按测试仪的【测试】键，等待"滴"声后，测试结束。从测试仪界面观察太阳能电池板的伏安特性曲线和功率曲线，及相关参数信息，确认正常后保存数据。

4）局部阴影下的基本性能测试

调整太阳能电池测试台架角度，至预定辐照度附近。参照图 4 – 28，遮挡电池片 1 和电池片 24，测试并保存结果。然后，分别遮挡电池片 12 与电池片 13、电池片 24 与电池片 25、电池片 13 与电池片 36，完成三次测量（作为对照实验，光照强度须与之前的实验组一致）。

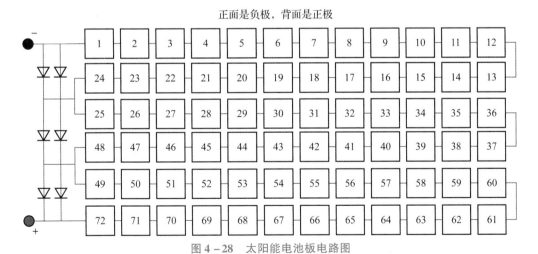

图 4 – 28　太阳能电池板电路图

5）结束测试并导出实验数据

断开太阳能电池板与测试仪电路连接，断开电路时，先断正极、再断负极。长按辐照度计的电源键 3 s，待辐照度计灯熄灭。将 U 盘插入测试仪左边的插孔，单击屏幕右下方的"传输"按钮，进入拷贝文件页面。选中命名后的文件，单击屏幕下方的"标记"按钮，将文件标记＊符号。单击"拷贝"按钮，文件就复制到 U 盘的目录下。长按测试仪的电源键 3 s，待屏幕熄灭。

6）数据检查及处理

将 U 盘中的文件复制到 PC 端，打开数据分析软件 MiniSunAna. exe，打开 . dat 文件，选择"批量输出到文件"，选择路径，确认后即可输出测试数据和测试结果，并检查数据完整性是否正常，如图 4 − 29 所示。

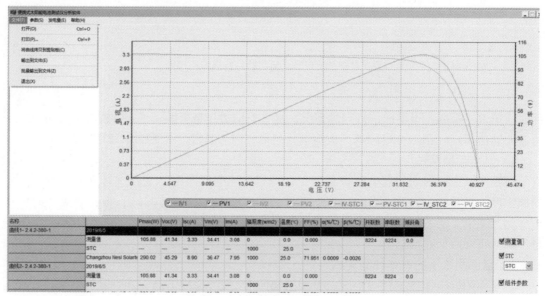

图 4 − 29　数据分析软件界面

5. 讨论与思考

（1）分析实测太阳能电池的四个工程参数与标称值之间的差异。

（2）找到当地、当日的太阳最大辐照度，讨论辐照度与倾斜角度的关系。

（3）讨论无遮挡情况太阳能电池板的最大功率点与辐照度的关系，分析太阳能电池板的最大发电效率。

（4）讨论有遮挡情况太阳能电池板的最大功率点情况，以及与辐照度之间的关系。

（5）发生遮挡后，太阳能电池的最大功率点会发生怎样的变化？分析并验证不同遮挡位置、不同遮挡片数会对太阳能电池板电力特性产生的影响。

（6）思考如何使得太阳能电池板工作在最大功率点。

（7）思考如何模拟飞行器姿态的变化对太阳能电池特性产生的影响。

4.4.3　氢燃料电池伏安特性实验

1. 实验目的

（1）深入理解氢燃料电池的发电原理、基本电力特性和主要性能指标。

（2）学习氢燃料电池供氢系统的操作方法，以及供氢流量的测量方法。

（3）学习氢燃料电池伏安特性的测试方法，熟悉氢燃料电池的使用方式。

氢燃料电池伏安
特性实验视频

2. 实验内容

（1）氢气减压设置与流率测量。

（2）燃料电池伏安特性测试。

3. 实验设备及软件

本实验所需的主要设备包括氢燃料电池、安全供氢系统、氢气质量流量计、电子负载、混合能源管理模块、上位机、电子负载上位机软件及串口通信软件，如表 4 - 9 所示。

表 4 - 9　本实验所选用设备及软件

序号	类别（设备/软件）	设备及软件名称	型号/规格
1	实验设备	氢燃料电池	EOS100 燃料电池
2	实验设备	安全供氢系统	由防爆安全柜、40 L 标准储氢钢瓶、两级减压调节阀（各配气压表）、供氢软管组成
3	实验设备	氢气质量流量计	MF4008 质量流量计
4	实验设备	电子负载	ZY8715 电子负载
5	实验设备	混合能源管理模块	STM32F767 阿波罗开发板
6	实验设备	上位机	PC
7	软件	电子负载上位机软件	Load Monitor
8	软件	串口通信软件	XCOM 2.0 串口助手

安全供氢系统由防爆安全柜、40 L 标准储氢钢瓶、两级减压调节阀（各配气压表）、供氢软管组成；氢燃料电池选用额定功率为 100 W 的 EOS100 燃料电池；流率测量选择 MF4008 质量流量计（简称"流量计"）；混合能源管理模块采用 STM32F767 阿波罗开发板。主要设备如图 4 - 30 所示，氢燃料电池和流量计的主要参数如表 4 - 10 和表 4 - 11 所示。

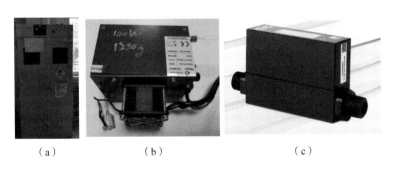

（a）　　　　　　　（b）　　　　　　　（c）

图 4 - 30　燃料电池实验主要设备

（a）供氢柜；（b）EOS100 燃料电池；（c）MF4000 气体质量流量计

表 4 – 10　EOS100 燃料电池主要参数

参数		取值
性能	额定功率/W	100
	额定电压/V	13.2
	额定电流/A	7.6
	电压范围/V	11 ~ 22
	发电效率/%	≥50
燃料	氢气纯度/%	≥99.95
	氢气工作压力/bar	0.4 ~ 0.5
	氢气消耗量/(L·min^{-1})	1.2（额定功率）
氧化剂/冷却剂	空气	常压
物理属性	质量/g	1 080
	尺寸/mm	158 × 125 × 98
工作条件	环境温度/℃	– 5 ~ 40
	环境湿度/%	20 ~ 95

表 4 – 11　MF4008 流量计主要参数

参数	取值
通径/mm	8
最大流量/slpm	30
精度	±（1.5 + 0.2FS）
工作压力/MPa	≤0.5
输入工作电压/V	8 ~ 24
输出通信协议	RS232

4. 实验过程

1）实验设备连接

图 4 –31 给出了氢燃料电池实验系统架构。在氢燃料电池供氢气之前，应完成其他设备的电力连接，主要是将氢燃料电池接入电子负载，采用充满电的 3 串锂电池（容量在 2 200 mAh 以上）为流量计和 STM32 开发板供电，并连接好数据通信线。其中，氢燃料电池自身控制器与开发板之间为 CAN 通信连接，其他为 RS232 串口通信。

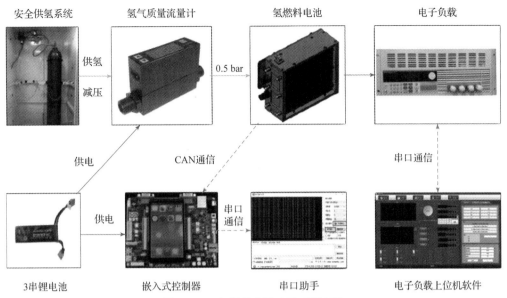

图4-31　氢燃料电池实验系统架构

2）电子负载电流剖面自动加载设置

启动电子负载上位机软件 Load Monitor，在"自动测试"控制面板中设置时序加载剖面，如在电流模式（CC Mode）下，本示例设置电流载荷剖面为 0 A→7.5 A→0 A，每步步长为 0.5 A，持续时长为 10 s。

3）氢气质量流量计数据读取测试

在上位机中打开串口助手软件，用设备电源为流量计和混合能源管理模块上电，通过调试串口通信，完成流量计数据的读取和发送；可向流量计进口轻微吹气，判断流量计是否工作正常，以及上位机数据读取是否同步正常。

4）氢气减压系统设置

打开防爆安全柜，如图4-32所示，可以看到氢气瓶和两级减压阀。

图4-32　供氢系统及各环节气压范围

堵住燃料电池供氢软管出气口，然后执行以下操作：

（1）打开氢气瓶。确保两级减压阀调节把手都处在最左旋位置，然后逆时针缓慢旋转氢气瓶顶端阀（约1~2圈），直至高压表（即进口压力表）指针稳定，此时显示气压为瓶内压力，通常气压范围在 1~15 MPa 之内，则说明瓶内氢气可以正常使用。

（2）设置一级减压。缓慢右旋一级减压阀调节把手，观察一级出口压力表，直至压力处于 4～5 bar 之间即可。

（3）设置二级减压。缓慢右旋二级减压阀调节把手，观察二级压力表，直至压力处于 0.4～0.5 bar 之间即可。

（4）判断气压稳定。将软管出口不接入氢燃料电池，模拟氢燃料电池的排气过程，脉冲式放气，观察排气过程二级压力表和一级出口压力表的气压下降幅度，以及堵住后，气压能否重新稳定在设置范围区间。若下降幅度不超过 0.2 bar，且堵住出气口后可以恢复到设定区间 0.4～0.5 bar，则氢气气压设置完成，等待接入氢燃料电池即可；否则，需要继续微调二级减压阀或一级减压阀，直至出口气压稳定且在设定区间。

5）启动伏安特性测试

将氢气管接入氢燃料电池进气口，等待氢燃料电池启动完毕。确认电子负载在远程"PC 控制"模式，以及处于"On"状态。然后，启动载荷剖面测试，逐级加载。用万用表检测氢燃料电池单片电压是否正常，要求单片电压不低于 0.5 V，否则停止加载，重新设定加载剖面值。加载过程仍需观察二级压力表，确保进气压力始终在允许范围之内。

6）结束实验

当载荷加载完毕后，确认电子负载处于空载状态。然后，将电子负载切换至面板控制，按【On/Off】键将电子负载调至"Off"状态。断开控制器电源和流量计电源，顺时针旋转氢气瓶阀门，关闭氢气瓶；断开燃料电池进口氢气管，并将剩余氢气排至氢气柜或室外。

7）导出数据并处理

在上位机中将串口助手的窗口数据保存，再将加载剖面和测量数据保存，然后导出数据并处理。

5. 讨论与思考

记录实验时间、环境温度、氢燃料电池输出电流和电压、氢气质量流率、风扇开度、氢燃料电池堆温度、排气次数和间隔时间等数据信息，进行数据分析后，讨论并思考以下问题：

（1）分析讨论氢燃料电池的伏安特性曲线、电流－功率特性曲线特点。

（2）分析讨论氢燃料电池堆的发电效率与输出状态（如电流）的关系。

（3）从实验数据分析氢燃料电池的温度变化与风扇开度之间的关系。

（4）总结氢燃料电池电流瞬时切变后，燃料电池的电压和功率如何变化，并分析原因。

（5）思考氢燃料电池能否应用于载荷条件瞬时大幅度变化的工况，给出应用方式建议。

（6）氢燃料电池每隔一段时间就要进行一次脉冲式排气，思考排气的原理及排气的目的。

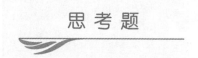

思 考 题

（1）分析锂电池、太阳能电池及氢燃料电池的电力特征，以及三者之间的主要区别。

（2）分析影响锂电池、太阳能电池及氢燃料电池性能的主要因素。

（3）以小型新能源无人机为例，试分析起飞、爬升、巡航、降落等典型工况下锂电池、太阳能电池及氢燃料电池三种电源的适用性。

第5章

电池管理与控制方法及实验

锂电池、太阳能电池和氢燃料电池在工程应用时有一个共同特点，即需要由许多片发电单元组合成复杂发电系统，如锂电池单体组成电池包（pack）、太阳能电池片组成阵列（array）、燃料电池单体组成堆（stack）。考虑到单体工艺的不一致性，以及所处环境和工作条件的不一致性，若要保证各发电系统健康、高效、稳定、可靠地运行，就需要对各电源系统进行细致的管理与控制。本章主要介绍可应用于飞行器的锂电池、太阳能电池，以及氢燃料电池的管理与控制方法，并基于所建立的实验平台给出实验研究方法。

5.1 锂离子电池管理与控制

实际应用中，锂电池一般为多个单体（电芯）串（并）联组成的电池组。考虑到电池组内不同单体的状态差异，为了满足电池应用过程的安全性、健康性和高效性需求，一般需要采用电池管理系统（BMS），对锂电池组进行管理与控制，达到提高电池效率、避免电池损坏、提高电池寿命的目的。

5.1.1 锂离子电池管理与控制方法

锂电池的管理与控制主要包括电池组的保护、单体的均衡、电池状态监测等。

5.1.1.1 电池组的保护方法

该功能主要是对电池组在使用过程中发生的过电压、过电流、短路、欠压、过热等状态进行保护。其主要思路比较简单：当发生过流、短路或过热时，断开电路；当发生过压时，只允许放电，不允许充电；当发生欠压时，只允许充电，不允许放电。具体实现原理如图 5-1 所示，图中的 SDA、SCL、GPIO 为协议。其功能如下：

（1）电池状态检测。采用电流采样电阻对充放电过程的电流进行监测，采用热敏电阻对锂电池进行接触式温度监测，电池组中的每片电池均与模拟前端（AFE）集成电路相连，从而获得单片电压状态。

（2）电池保护执行。采用背靠背的场效应管 MOSFET 来实现电路的定向开关。

（3）控制信号产生。采用模拟前端集成电路配合主控单元实现。当检测到电池处于过流、短路、过热状态时，主控单元通过指令控制 AFE 关闭 Q_1 和 Q_2，使电路无法进行充放电；当检测到电池处于欠压状态时，主控单元通过指令控制 AFE 关闭 Q_1、打开 Q_2，此时电路只允许充电，不允许放电；当检测到电池处于过压状态时，主控单元通过指令控制 AFE 关闭 Q_2，打开 Q_1，此时电路只允许放电，不允许充电。

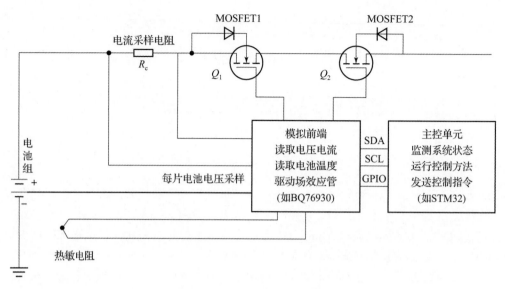

图 5 – 1 锂电池组保护电路

5.1.1.2 单体均衡管理方法

单体电池均衡管理的目的是控制各个单体电池均衡充放电，使电池组中各个单体的电压或当前剩余电量 SOC 保持基本一致的状态。良好的均衡技术可以延长电池寿命，提高电池效率。电池均衡类型分为被动均衡和主动均衡两种，其主要区别：被动均衡采用"截长不补短"的思想，使用电阻对高能单体进行能量耗散，以追求与其他低能单体的一致性；主动均衡采用"截长补短"的思想，通过能量转移的方式，使电量高的单体向电量低的单体转移部分能量，进而实现各单体之间的一致性。

1. 被动均衡控制方法

被动均衡是一种能量消耗型均衡，被动均衡控制方法依托于开关电阻分流电路，如图 5 – 2 所示。为每个单体并联一个耗散电阻和一个开关，主控单元配合模拟前端巡检电压过高的单体；发送控制指令将对应的开关闭合，在电压过高的单体和其并联的电阻之间形成回路，以热量的形式将多余电量耗散，达到各个单体电压一致的效果。

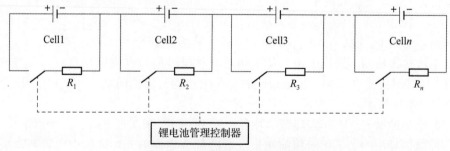

图 5 – 2 开关电阻分流均衡电路

被动均衡电路的优势在于，电路结构简单、成本较低，且控制简单，易于实现。其主要缺点是：能量消耗大，产热明显，会造成能量的浪费；均衡电流通常较小，一般在 0.5 ~ 1 A，均衡能力有限。当均衡能力要求更高时，通常采用主动均衡控制方法。

2. 主动均衡控制方法

主动均衡控制方式主要包括电容式均衡、电感式均衡、变压器式均衡。将这三种方式相比，电感式的能量均衡效率高，电容式和变压器式的能量均衡效率较低；与电容式和电感式相比，变压器式的均衡控制更难。

电容式均衡的思路：将电容作为能量传输介质，对各单体之间进行均衡。当需要对电池组进行均衡时，首先通过控制开关将高电压单体与电容并联，电容放电，把电量转移到并联的电容中；然后，通过控制开关将充电后的电容与低压单体并联，电容放电，将电量转移到低压单体中。由于电容并不消耗能量，因此可以实现能量的无损转移。图 5 – 3 是典型电容式均衡的电路示意图。电容均衡电路是依靠单体电池间的电压差实现电量转移，当电压差较大时，可以很快缩小压差实现均衡，但如果电压差较小，则能量转移效果较差。此外，电容需要同时控制两个开关，要求开关双向可控，这增加了控制难度和电路复杂度。

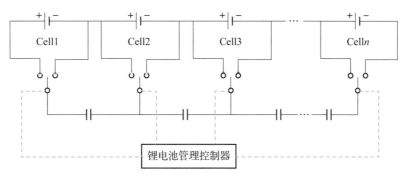

图 5 – 3 典型电容式均衡的电路示意图

电感式均衡的思路：将电感作为能量传输介质，以电流的形式在电感中传递，实现单体之间的均衡。在对电池组进行均衡时，首先通过控制开关将高电压单体与电感并联，并为电感充电，把电量转移到并联的电感中；然后，通过控制开关将充电后的电感与低电压单体并联，电感放电，将电量转移到低电压单体中。图 5–4 所示为一种电感式均衡的电路示意图。

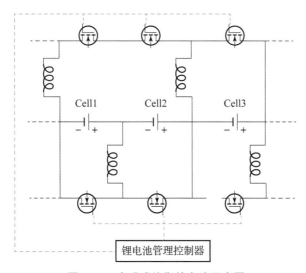

图 5 –4 电感式均衡的电路示意图

电感均衡电路是以电流的方式转移能量，不依赖于电池电压而补偿电池内部电阻，能够提高均衡电流，且仅需要控制一个单向开关，控制较为简单，但其易引入一些附加的纹波电流，且由于存在开关损耗，电流的分布趋向于高度集中在相邻的电池中。

5.1.1.3 电池状态监测方法

电池荷电状态（SOC）的精确估算不仅能使用户安全地使用电器产品，还能在混合能源控制时，合理地根据剩余电量进行状态分配，因此精确估算电池的 SOC 是非常重要的。SOC 的计算公式如下：

$$SOC = \frac{Q_c}{Q_n} \times 100\% \qquad (5-1)$$

式中，Q_c——某时刻电池的剩余可用电量；

$\quad\quad Q_n$——电池的额定容量。

早期的 SOC 的估算方法主要有放电实验法、开路电压法、安时积分法、内阻法、线性模型法等。进入 21 世纪以后，出现了卡尔曼滤波法、神经网络法等。近年来，由于卡尔曼滤波法不仅能对 SOC 进行估算，还能对 SOC 的误差进行估算，因而备受业界关注。图 5-5 所示为常用 SOC 估算方法的分类。

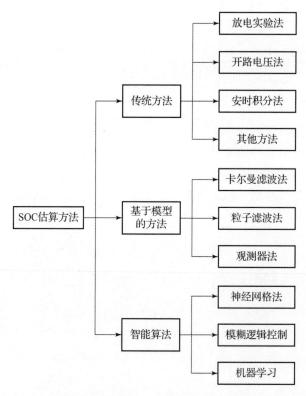

图 5-5　常用 SOC 估算方法的分类

1. 放电实验法

放电实验法是以恒定的电流对电池进行放电实验，将电流和放电时间的乘积作为电池的放电量，从而对电池剩余电量进行计算，这是最简单的 SOC 估算方法。

放电实验法操作简单，估算精度较高。但是，该方法需要耗费大量时间进行测量；而且，电池必须处于脱机状态进行测量，无法带负载测量，不能用于在线估算，因此无法满足实时估算要求。

2. 开路电压法

开路电压法是指基于锂电池的开路电压（open circuit voltage，OCV）与 SOC 存在一定的函数关系，经过多次测量电池不同开路电压和对应的 SOC，得到电池的 SOC - OCV 曲线。实际应用中，先测量电池的 OCV，再基于 SOC - OCV 曲线，进而实现 SOC 估算。

假定 SOC 与 OCV 的关系符合三次函数关系，那么就可以假设其关系为

$$OCV = a \cdot SOC^3 + b \cdot SOC^2 + c \cdot SOC + d \tag{5-2}$$

然后，根据测量到的（OCV，SOC）数据点进行拟合，即可求出参数 a、b、c、d 的最优解。

开路电压法主要依靠对电池开路电压的测量，但开路电压需要电池长时间充分静置后才能精确测量得到，且开路电压受温度影响大，温度越低，开路电压就越低，因此这种估算方法实时性较差，不能够在线测量，无法满足实时估算要求。

3. 安时积分法

安时积分法是指通过实时采集、记录电池充放电过程中的电流，并对其进行积分，从而得到电池充放电的电量值。图 5 - 6 所示为安时积分法的 SOC 估算流程，具体估算公式为

$$SOC = SOC_0 \pm \frac{\int_0^t \eta I d\tau}{Q_n} \tag{5-3}$$

式中，SOC_0——电池的初始电量值；

η——电池的充放电效率系数；

I——电池的充放电电流；

t——充放电时间；

Q_n——电池的初始总电量。

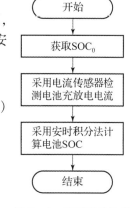

图 5 - 6　安时积分法的
SOC 估算流程

安时积分法可以实时计算电池的 SOC，适用于全部类型的电池。但是，如果 BMS 在电流采集过程中出现测量误差，该方法没有反馈校正环节，会使 SOC 估计值的精确度大大降低。

4. 卡尔曼滤波法

卡尔曼滤波法是将电池的 SOC 和极化电压作为系统的状态变量，将工作电压作为系统的观测变量，建立状态方程和观测方程，采用卡尔曼滤波算法（Kalman filter，KF）对电池 SOC 进行估计。

卡尔曼滤波状态方程和观测方程如下：

$$\begin{cases} \boldsymbol{X}_{k+1} = f(\boldsymbol{X}_k, \boldsymbol{U}_k) + \boldsymbol{W}_k \\ \boldsymbol{Y}_k = g(\boldsymbol{X}_k, \boldsymbol{U}_k) + \boldsymbol{V}_k \end{cases} \tag{5-4}$$

式中，$\boldsymbol{X}_k$——k 时刻的状态；

$\boldsymbol{Y}_k$——k 时刻的测量值；

$\boldsymbol{U}_k$——控制向量；

W_k——状态噪声；

V_k——测量噪声。

卡尔曼滤波法 SOC 估算流程如图 5-7 所示，其核心问题是对变量的最小方差做出最优估计。

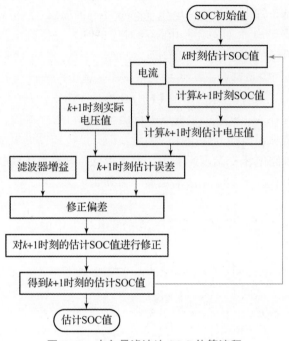

图 5-7　卡尔曼滤波法 SOC 估算流程

以一阶电池电路模型为例（图 5-8），其中 R_0 为电池内阻，R_1 为电池的极化电阻，C_1 为电池的极化电容。

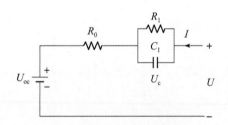

图 5-8　一阶电池电路模型

其估算公式如下：

$$\begin{bmatrix} U_{c,k} \\ \mathrm{SOC}_k \end{bmatrix} = \begin{bmatrix} \mathrm{e}^{-T_s/R_1C_1} & 0 \\ 0 & 1 \end{bmatrix} \begin{bmatrix} U_{c,k-1} \\ \mathrm{SOC}_{k-1} \end{bmatrix} + \begin{bmatrix} R_1(1-\mathrm{e}^{-T_s/R_1C_1}) \\ \eta_k T_s/C_N \end{bmatrix} I_{k-1} + \begin{bmatrix} W_{1,k-1} \\ W_{2,k-1} \end{bmatrix} \tag{5-5}$$

$$U = U_{oc}(\mathrm{SOC}_k) - U_{c,k} - R_0 I_k + V_k \tag{5-6}$$

式中，η_k——库伦效率；

C_N——电芯容量；

T_s——计算周期；

$W_{1,k-1}, W_{2,k-1}$——系统噪声；

U——电池端电压；

$U_{oc}(SOC_k)$——电池开路电压，其与 SOC 相关；

V_k——观测噪声。

基于式（5-5）和式（5-6），就可以采用图 5-7 所示的估算流程，完成电池 SOC 的估算。

卡尔曼滤波法解决了电流不稳定导致的 SOC 估算误差的问题，其估算精度较高，但其估算精度取决于电池模型的准确程度，并与处理器的运行速度有关。

5. 神经网络法

神经网络法是基于模拟人类大脑神经元的工作状态而建立的一套处理输入数据的神经网络系统模型的方法。针对电池在使用过程中，其电流与电压的关系为非线性状态，并且其 SOC 不能实时计算及自适应优化计算等问题，可以采用神经网络法对 SOC 进行估算，图 5-9 所示为基于神经网络法的 SOC 估算流程。

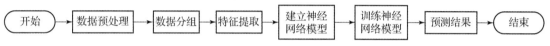

图 5-9　基于神经网络法的 SOC 估算流程

神经网络法能极大地提高估算的准确性，并可以实现实时 SOC 估算。但它对建模数据的规模和精度要求比较高，依赖大量的测量数据；同时，其网络训练过程的运算复杂，且成本较高，这在一定程度上制约了其发展和使用。

总结以上 SOC 估算方法，进行优缺点分析，如表 5-1 所示。

表 5-1　SOC 估算方法对比

估算方法	优点	缺点
放电实验法	方法简单，估算精度相对较高	无法带负载测量，需要大量时间，电池需处于脱机状态，不能用于在线估算
开路电压法	方法简单，实施便捷	电池必须处于相对稳定状态，不能用于在线估算
安时积分法	受电池自身情况限制较小，计算方法简单，能实时估算电池电荷状态	存在累积误差，受初始值和测量精度影响大
卡尔曼滤波法	收敛速度快、对噪声的抑制能力强，可在线应用	系统噪声不确定，同时算法中的线性化过程受电池模型影响很大
神经网络法	具有较强的非线性处理能力，无须建立高精度电池模型	估算精度受训练样本影响较大

5.1.2　BMS 控制器

5.1.2.1　BMS 控制器的功能及组成

BMS 控制器的主要功能是检测电池组的工作状态，均衡各单体的电量，防止电池的过度充电和过度放电。图 5 – 10 所示为 BMS 控制器的功能架构。

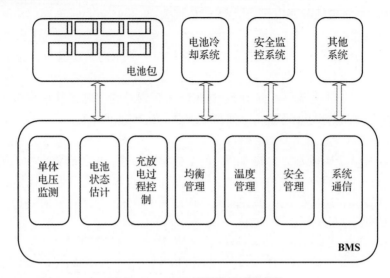

图 5 – 10　BMS 控制器的功能架构

（1）电池状态实时监测：对单体的电压、温度、电流等信息进行采集，采用适当的算法，实现对电池内部状态（如容量和当前剩余电量 SOC 等）的估算和监控。

（2）安全高效状态管理：实现电池的热管理、能量管理、充放电管理、单体均衡管理、故障诊断管理等功能。

（3）电池状态信息交互：通过通信接口将电源系统关键参数发送至上位机或主控单元，实现对电池系统的安全有效管理，避免电池过充、过放，延长电池寿命。

图 5 – 11 所示为典型 BMS 控制器系统组成。其中，单体的状态监测一般通过集成模拟前端 AFE 芯片实现，通常模拟前端也会集成被动（或主动）均衡网络，进行充放电均衡管理，充放电管理和电量估计一般通过主控芯片完成。

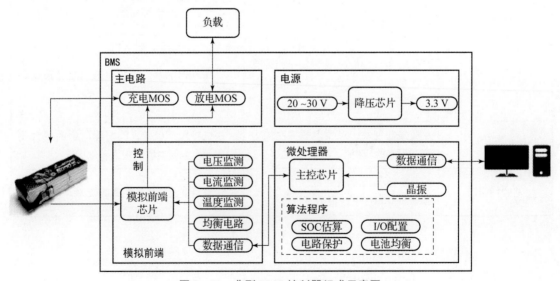

图 5 – 11　典型 BMS 控制器组成示意图

模拟前端配合采样电路，对电池的电压、充放电电流、温度进行采集，并将采集到的信息传输给主控芯片。根据对单体电池状态的分析，通过被动（或主动）均衡电路，使每个单体在工作中能够保持剩余电量相同。模拟前端芯片也可以接受主控芯片的指令，控制充放电 MOS 管的开闭。主控芯片需完成与模拟前端的通信，将电池信息数据通过通信接口传输到上位机或主控单元。主电路分别通过两个串联 MOSFET 实现电池的充电和放电控制，且在负极端放置一个电流的采样电阻，用于测量电池在充放电过程中的电流大小。电源部分旨在从电池取电，并通过升降压配置为主控芯片和模拟前端等板上用电设备供电。

5. 1. 2. 2　本实验平台的 BMS 控制器

本实验平台采用自主开发的 NE – BMS V1. 0 控制器（图 5 – 12），表 5 – 2 为其主要性能参数指标。

BMS 硬件介绍

（a）　　　　　　　　　　　　　　　　　（b）

图 5 – 12　NE – BMS V1. 0 控制器

（a）NE – BMS V1. 0 控制电路板；（b）封装效果

表 5 – 2　BMS 控制器的主要性能参数指标

参数	取值	参数	取值
允许接入锂电池串数/串	6	最大效率/%	98
允许通过最大电流/A	30	质量/kg	0. 5

5. 2　太阳能电池管理与控制

由太阳能电池的伏安特性曲线可以看出，太阳能电池的输出功率是随电压不断变化的，存在一个最大值。为了发挥太阳能电池板的最大功效，可以通过最大功率点跟踪技术（maximum power point tracking，MPPT）来获得太阳能电池板的最大输出功率。在实际应用中，一般采用 MPPT 控制器来实现以上功能。

5. 2. 1　最大功率点追踪方法

依据判断方法和准则的不同，可将最大功率点追踪方法分为开环 MPPT 方法和闭环 MPPT 方法。开环 MPPT 方法是根据光伏电池的输出特性与外界温度、光照和负载的变化基本规律（比如光伏电池的最大功率点电压与光伏电池的开路电压之间存在近似的线性关系），提出的一些开环 MPPT 控制方法，如恒定电压法、短路电流比例系数法和插值计算法等。闭环 MPPT 方法是通过对光伏电池输出电压和电流值的实时测量与闭环控制来实现 MPPT，其中自寻优类算法使用得最广泛，典型的自寻优 MPPT 算法有扰动观测法（perturbation and observation method，P&O）和增量电导法（incremental conductance，INC）。

5.2.1.1　恒定电压法

对于太阳能电池阵列，当温度一定时，不同光强下其最大功率点电压几乎落在同一根垂直线的附近，如图 5-13 所示。根据这一特性，可将太阳能电池阵列工作在某一个固定的电压下，进而实现最大功率输出，该方法即恒定电压法。

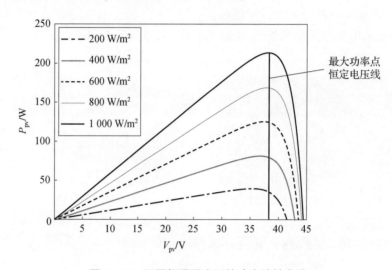

图 5-13　不同辐照强度下的功率特性曲线

图 5-14 给出了恒定电压法控制流程，V_N 为当前太阳能电池的电压，其中，V_{pv} 为太阳能电池的电压，V_{oc} 为太阳能电池的开路电压。

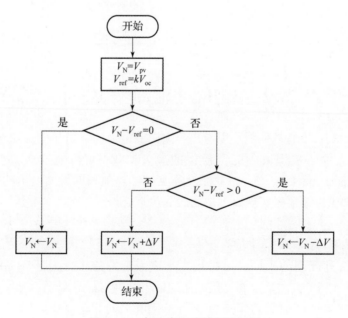

图 5-14　恒定电压法控制流程图

初始时，设置太阳能电池的参考电压值 V_{ref}：

$$V_{ref} = k \cdot V_{oc} \tag{5-7}$$

式中，k 一般取值范围为 $0.7 \sim 0.9$，也可根据太阳能电池在不同辐照下的实际功率曲线测量后取值。例如，在图 5-15 中，经过划线量测后，取 $V_{ref} = 38\,V$，进而得到 $k = 0.85$。

恒定电压法的优势是复杂度低、实现简单、对硬件要求低，只需知道太阳能电池阵列的开路电压，并控制光伏电池输出电压为恒定值，即可达到最大功率点追踪的目的。其缺点是不能适应环境温度改变，当温度变化时，太阳能电池的电力特性变化明显，最大功率点将不在一个恒定电压附近（图 5-15），此时恒定电压法将失效。因此，该方法一般只用于控制精度要求不高、外界工作环境变化较小的场合。

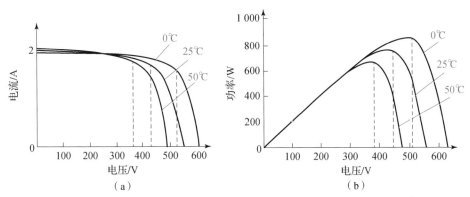

图 5-15　温度变化对太阳能电池电力特性影响（辐照强度为 1 kW/m²）

（a）伏安特性曲线；（b）功率特性曲线

5.2.1.2　扰动观测法

扰动观测法（perturb and observe method，P&O）的工作原理是实时采集当前时刻太阳能电池阵列的输出功率，并与上一时刻的输出功率进行对比，实时调节工作电压的变化方向，实现对最大功率点的追踪。

具体的追踪过程如图 5-16 所示。如果当前时刻的输出功率大于上一时刻的输出功率，则以一定步长继续朝着相同方向扰动其电压；如果当前时刻的输出功率小于上一时刻输出功率，则改变扰动方向，朝着相反的方向扰动其电压。通过重复进行扰动判断，使太阳能电池阵列的输出电压维持在最大功率点电压的左右。

根据工作流程，上一时刻太阳能电池输出电压为 V_{N-1}，功率为 P_{N-1}，扰动步长为 ΔV，当前时刻的太阳能电池输出电压增大，当前时刻的参考电压为

$$V_N = V_{N-1} + \Delta V \tag{5-8}$$

此时，输出功率为 P_N。

若 $P_N > P_{N-1}$，则电压应该向相同方向继续扰动，即参考电压调整为

$$V_{N+1} = V_N + \Delta V \tag{5-9}$$

若 $P_{N+1} < P_N$，则电压应该向反方向扰动，即参考电压调整为

$$V_{N+1} = V_N - \Delta V \tag{5-10}$$

图 5-17 所示为一种执行过程的示例。开始时，太阳能电池的电压在开路电压上，经过连续 4 步减小电压，功率持续增加。在第 5 步继续减少电压后，功率减小，此时则参考电压

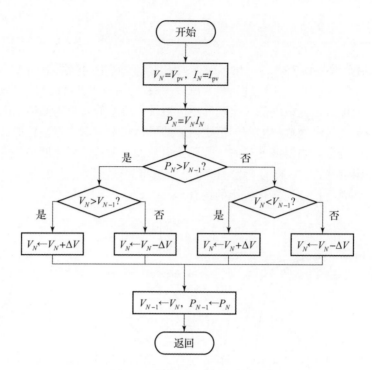

图 5 – 16　扰动观测法算法流程图

需要反向设置。执行第 6 步，电压升高，功率也升高。继续执行第 7 步，若功率下降了，则需要反向，执行第 8 步；若功率增加，则继续执行第 9 步，功率减小，继续反向，保持始终在第 6~9 步循环扰动。

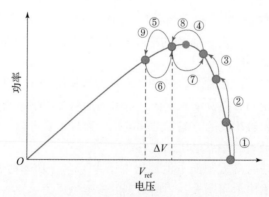

图 5 – 17　扰动观测法的执行过程示意图

可以看出，该方法原理相对简单、对硬件要求低，能够以较低的成本满足大多数工程要求，因此被广泛应用于各种太阳能发电系统。但该方法的问题也比较明显：首先，其在最大功率点处不停扰动，难以稳定在最大功率点；其次，受步长大小困扰，大步长跟踪快、振荡大，小步长振荡小，跟踪时间慢。

5.2.1.3　增量电导法

增量电导法（incremental conductance，IC 或 INC）是一种根据太阳能电池的功率 – 电压输出特性曲线的斜率来判断此刻的输出功率状态，通过扰动电压实现最大功率点追踪的策略。

从太阳能电池的功率 – 电压曲线（图 5 – 18）可以看出，这是一条类抛物线状的可导曲线。其中，在最大功率点处，功率对电压的导数为零；在最大功率点左侧，功率对电压的导数大于零；在最大功率点右侧，功率对电压的导数小于零。

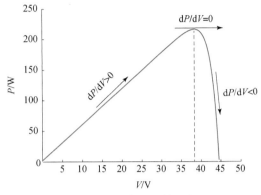

图 5 – 18　增量电导法的工作原理

根据太阳能电池的输出电压和电流，可得太阳能电池的输出功率为

$$P = VI \tag{5-11}$$

在式（5 – 11）中两边同时对电压 V 求导，可得

$$\frac{\mathrm{d}P}{\mathrm{d}V} = \frac{\mathrm{d}(VI)}{\mathrm{d}V} = I + V\frac{\mathrm{d}I}{\mathrm{d}V} \tag{5-12}$$

式中，$\mathrm{d}P/\mathrm{d}V$——曲线的斜率。

设 V_{max} 为太阳能电池最大功率点对应的电压，则有如下结论：

①当 $V = V_{max}$ 时，此时处于最大功率点处，$\mathrm{d}P/\mathrm{d}V = 0$，由式（5 – 12）可得

$$\frac{\mathrm{d}I}{\mathrm{d}V} = -\frac{I}{V}$$

②当 $V < V_{max}$ 时，此时处于最大功率点左侧，$\mathrm{d}P/\mathrm{d}V > 0$，由式（5 – 12）可得

$$\frac{\mathrm{d}I}{\mathrm{d}V} > -\frac{I}{V}$$

③当 $V > V_{max}$ 时，此时处于最大功率点右侧，$\mathrm{d}P/\mathrm{d}V < 0$，由式（5 – 12）可得

$$\frac{\mathrm{d}I}{\mathrm{d}V} < -\frac{I}{V}$$

由此，可以根据 $\mathrm{d}I/\mathrm{d}V$ 与 $-I/V$ 之间的关系来调整工作点电压，从而实现最大功率跟踪。增量电导法的本质是根据 $\mathrm{d}I/\mathrm{d}V$ 与 $-I/V$ 之间的数值关系来判断此刻光伏电池工作电压所处的位置。

增量电导法的算法流程如图 5 – 19 所示。追踪过程开始时，首先需要计算当前时刻的 $\mathrm{d}V$ 是否等于 0。若 $\mathrm{d}V = 0$，$\mathrm{d}I = 0$，则表明此刻系统已经位于最大功率点处；如果 $\mathrm{d}V = 0$，$\mathrm{d}I \neq 0$，则需要根据 $\mathrm{d}I$ 的符号来调节参考电压；如果 $\mathrm{d}V \neq 0$，则需要按照上文所述的 $\mathrm{d}P/\mathrm{d}V$ 及 $-I/V$ 与最大功率点间的数值关系来调节参考电压。

增量电导法的优点是算法的稳定度较高，响应速度较快，抗干扰能力较强，其工作状态受太阳能电池参数的影响较小。其劣势也比较明显：与恒定电压法和扰动观测法相比较，增量电导法对硬件算力的要求更高，增加了硬件成本，且会受到速度和精度折中的困扰。

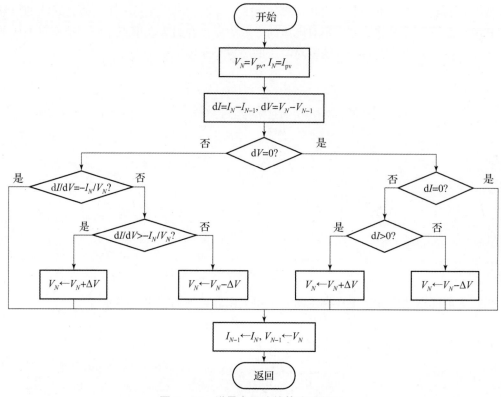

图 5-19　增量电导法的算法流程图

5.2.1.4　局部阴影条件下最大功率点追踪算法

在实际应用中，太阳能电池一般是由多个电池组件串联或并联，以获得所期望的电压或电流。为了达到较高的光电转换效率，电池组件中的每一块电池片都须具有相似的特性。在使用过程中，可能出现一个（或一组）电池不匹配（如出现裂纹、内部连接失效或遮光等情况），导致其特性与整体不谐调。在合理的光照条件下，一串联支路中被遮蔽的光伏电池会由发电单元变为耗电单元，被遮蔽的太阳能电池不但对组件输出没有贡献，而且会消耗其他电池产生的电力，此时会发热，这就是热斑效应。

飞行器在飞行过程中，受机体本身、其他物体、浮云等因素的影响，会对其上的太阳能电池片接收的太阳光出现局部遮挡的情况，即出现局部阴影情况。在局部阴影条件下，为了避免热斑效应，一般会为太阳能电池增加旁路二极管。由于旁路二极管的存在，太阳能电池的 P-V 曲线会出现多个峰值，其中，有一个峰值为全局最大功率点（global maximum power point，GMPP），其他的被称为局部最大值功率点（local maximum power point，LMPP）。图 5-20 （a）所示为正常均匀辐照情况下的太阳能电池阵列工作状态，此时的 P-V 曲线只有一个峰值；图 5-20 （b）所示为局部阴影条件下的太阳能电池阵列工作状态，此时的 P-V 曲线会有多个峰值。

对于这种局部阴影的情况，采用常规的 MPPT 跟踪技术（如恒定电压法、扰动观测法、增量电导法等）不能保证找到全局最大功率点，极有可能陷入局部最大功率点。为了追踪局部阴影条件下的太阳能电池阵列最大功率，可以采用基于现代优化算法的 MPPT 技术。进化算法（evolutionary algorithm，EA）在局部阴影条件下太阳能电池最大功率跟踪控制方面

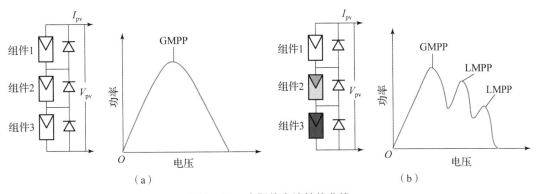

图 5 – 20　太阳能电池性能曲线
（a）正常情况下；（b）局部阴影条件下

起到了良好的应用效果。目前，主要有基于萤火虫算法（firefly algorithm，FA）的 MPPT 技术、基于灰狼优化（grey wolf optimization，GWO）的 MPPT 技术、基于布谷鸟搜索（cuckoo search，CS）的 MPPT 技术等。萤火虫算法广泛应用于图像处理、经济调度、函数优化、数据挖掘、路径规划等研究领域，其因具有计算效率高、设置参数少、易于实现等优点，比较适合应用于局部阴影条件下的全局最大功率点跟踪控制。接下来，对基于萤火虫算法的局部阴影条件下太阳能电池最大功率追踪过程进行介绍。

1. 萤火虫算法简介

萤火虫算法（FA）是一种以自然为灵感的启发式优化算法，其灵感来自萤火虫闪烁的行为。萤火虫算法基于以下几点假设：

（1）所有萤火虫都是中性的，因此任意一只萤火虫都会被其他萤火虫所吸引。

（2）萤火虫之间的吸引力与它们的亮度成正比。因此，对于任何两个闪烁的萤火虫来说，亮度越低的萤火虫会向亮度越高的萤火虫移动。吸引力和亮度都随着距离的增加而减小。如果没有比自身更亮的萤火虫，它就会随机移动。

（3）萤火虫的亮度受目标函数影响或决定。

在萤火虫算法中，有两个重要的问题：亮度的变化和吸引力的公式。下面介绍亮度和吸引力处理方法。

在最大化寻优问题的最简单情况下，萤火虫在特定位置 x 的亮度为 $I(x)$，目标函数为 $f(x)$，可以将萤火虫的亮度用 $I(x) \propto f(x)$ 来表示。

在最简单的形式中，亮度 $I(r)$ 可以采用平方反比定律 $I(r) = I_s/r^2$ 表示其与距离 r 的变化关系，其中 I_s 是光源处的亮度。如果给定介质的光吸收系数为固定值 γ，则其亮度 I_s 随距离 r 而变化，即 $I = I_0 \mathrm{e}^{-\gamma r}$，其中 I_0 是原始亮度。为了避免表达式 I_s/r^2 在 $r = 0$ 处的奇点，可以使用以下高斯形式来近似平方反比定律和吸收的组合效应：

$$I(r) = I_0 \mathrm{e}^{-\gamma r^2} \tag{5 – 13}$$

吸引力是相对的，应该在旁观者的眼中看到，或者由其他萤火虫判断。因此，吸引力将随着萤火虫之间的相对距离而变化。此外，光强度随着距离光源的距离增加而降低，光也会被介质吸收，因此吸引力可以随吸收程度而变化。

由于萤火虫的吸引力与相邻萤火虫的亮度成正比，因此，萤火虫 i 和萤火虫 j 的相互吸引力 β 可以表示为

$$\beta = \beta_0 e^{-\gamma r_{ij}^2} \tag{5-14}$$

式中，r_{ij}——萤火虫 i 和萤火虫 j 之间的相对距离，$r_{ij} = \| \boldsymbol{x}_i - \boldsymbol{x}_j \| = \sqrt{\sum_{k=1}^{d} (x_{ik} - x_{jk})^2}$，$\boldsymbol{x}_i$ 和 $\boldsymbol{x}_j$ 为萤火虫 i、j 的位置，d 为所求解问题的维数；

　　β_0——$r = 0$ 处的吸引力。

　　萤火虫 i 被更有吸引力（更亮）的萤火虫 j 所吸引的运动取决于

$$\boldsymbol{x}_i^{(t+1)} = \boldsymbol{x}_i^{(t)} + \beta(\boldsymbol{x}_i^{(t)} - \boldsymbol{x}_j^{(t)}) + \alpha\left(\mathrm{rand} - \frac{1}{2}\right) \tag{5-15}$$

式中，$\boldsymbol{x}_i^{(t)}$——萤火虫 i 在第 t 代的位置；

　　α——步长因子，用于控制随机步长的大小，$\alpha \in [0,1]$；

　　rand——$[0,1]$ 上服从均匀分布的随机因子。

　　式（5-15）给出了萤火虫需要移动的位置，式中的第二项是吸引力、第三项是随机化。

2. 基于萤火虫算法的 MPPT 控制流程

　　在利用萤火虫算法进行最大功率点跟踪时，将萤火虫的位置对应太阳能电池阵列的输出电压 V_{pv}，将萤火虫的亮度对应太阳能电池阵列在该电压下的输出功率 P_{pv}，目标就是寻求最大输出功率点。基于萤火虫算法的 MPPT 控制流程如图 5-21 所示。

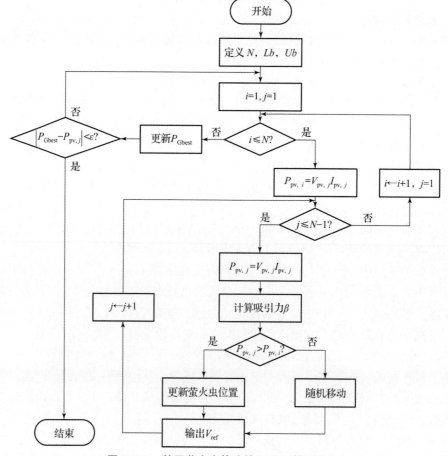

图 5-21　基于萤火虫算法的 MPPT 控制流程

5.2.2　MPPT 控制器

5.2.2.1　MPPT 控制器的功能及组成

MPPT 控制器的主要功能是调节太阳能电池的工作状态，使其工作在最大功率点附近。在此，有一个隐含的前提，即当前载荷需求必须大于或等于太阳能电池的最大可用功率，此时 MPPT 控制器才能真正发挥最大功率调节的作用。

MPPT 控制器主要由功率转换器和控制单元组成，连接于光伏阵列和载荷之间，如图 5 – 22 所示。图中，N 为萤火虫的数量；L_b 和 U_b 分别为变量搜索空间的下边界和上边界；i 和 j 分别代表萤火虫 i 和萤火虫 j；P_{Gbest} 为已搜索到的全局最大功率；$P_{pv,i}$ 和 $P_{pv,i}$ 分别为萤火虫 i 和 j 所对应的太阳能电池输出功率，ε 为阈值；V_{ref} 为萤火虫位置更新后对应的电压值。

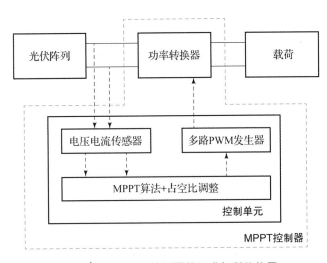

图 5 – 22　MPPT 控制器的组成与所处位置

1）控制单元

控制单元包括电流电压传感器、多路 PWM 发生器、MPPT 算法，以及用于占空比调整的参考值跟踪算法。其主要从两个层面（MPPT 算法层、参考值跟踪控制层）进行控制，如图 5 – 23 所示。

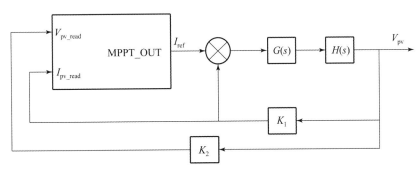

图 5 – 23　MPPT 控制架构

（1）MPPT 算法层：根据当前太阳能电池的电流和电压，采用一定算法（如扰动观测法、增量电导法等）给出下一步的电流或电压参考值。

（2）参考值跟踪控制层：根据参考值与反馈的偏差，采用超前 – 滞后补偿方法（如 3P3Z 或 PI 补偿器）进行占空比调节，生成相应的 PWM 波，驱动功率转换器进行阻抗调节。

2）功率转换器

功率转换器又称 DC/DC 转换器，包括功率电感（L_1）、降压开关支路（Q_1、Q_2）、升压开关支路（Q_3、Q_4）、输入滤波电容（C_{in}）和输出滤波电容（C_{out}）等，主要用来实现太阳能电池的输出阻抗与负载的动态匹配。DC/DC 转换器的种类很多，主要分为降压（Buck）型、升压（Boost）型、升降压（Buck – Boost）型三种，如图 5 – 24 所示。

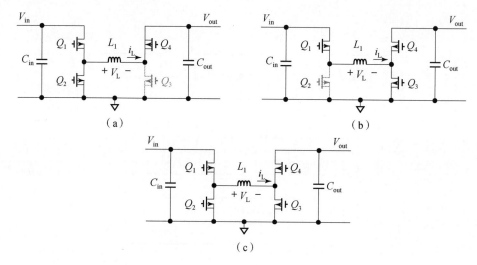

图 5 – 24　三种功率转换器拓扑结构

（a）Buck 型；（b）Boost 型；（c）Buck – Boost 型

Buck 型和 Boost 型均可由 Buck – Boost 型退化而成。当 $V_{in} > V_{out}$ 时，DC/DC 转换器工作在降压模式，Q_1 和 Q_2 组成降压开关支路，处于动态开关状态，Q_3 保持关闭，Q_4 保持打开，此时等效电路退化为 Buck 型，如图 5 – 24（a）所示。当 $V_{in} < V_{out}$ 时，DC/DC 转换器工作在升压模式，Q_3 和 Q_4 组成升压开关支路，处于动态开关状态，Q_1 保持打开，Q_2 保持关闭，此时等效电路退化为 Boost 型，如图 5 – 24（b）所示。

MPPT 控制系统执行的软件任务可分为非周期性任务和周期性任务：非周期性任务依系统运行而动态执行，周期性任务则以固定的时间间隔执行，周期性任务在 MPPT 控制系统中占据主要地位。对定时精度要求高的任务，采用周期定时中断的方式执行；对定时精度要求不高的任务，采用循环查询定时标志的方式定时执行。MPPT 控制系统的软件一般分为以下五部分：

（1）外设初始化：初始化微控制器外设模块，使其工作在要求模式下。

（2）串口数据通信：完成控制指令的接收和系统数据的发送。

（3）系统过热保护：采集温度传感器数据，当温度过高时降低输出功率。

（4）MPPT 算法执行：根据输入电流电压信息，完成最大功率点的追踪。

（5）DC/DC 转换器控制：根据输入输出电压信息完成对 DC/DC 转换器的稳压控制。

由于 MPPT 算法和 DC/DC 转换器控制对定时精度的要求较高，因此一般采用周期定时中断方式执行。外设初始化是一次性执行任务，串口数据通信耗时较长、实时性要求不高，热保护任务的实时性要求比较低，因此采用循环查询定时标志的方式执行。

5.2.2.2　本实验平台的 MPPT 控制器

本实验平台采用自主开发的 NE – MPPT V1.0 控制器（图 5 – 25），其主控芯片采用 TMS320F28069，频率为 90 MHz，具有浮点单元，可进行本地单精度浮点运算；采用 SM72295 全桥栅极驱动器，集成电流检测放大器，选择 MOSFET 作为开关整流器；内置增量电导算法；预留 CAN 接口、RS232 接口，满足通信和调试。表 5 – 3 为其主要性能指标。

（a）　　　　　　　　　　　　　（b）

图 5 – 25　NE – MPPT V1.0 控制器

（a）控制电路板；（b）MPPT 控制器封装

表 5 – 3　NE – MPPT V1.0 控制器主要性能指标

参数	数值	参数	数值
输入电压范围/V	12～50	输入到输出转换效率/%	96
输入电流范围/A	0～50	最大功率点跟踪效率/%	99.5
支持最大功率/W	100	质量/g	78

5.3　氢燃料电池管理与控制

质子交换膜燃料电池（PEMFC）是一个多子系统强耦合、复杂非线性的时变系统，因此合理的控制方法是保证燃料电池高效、可靠地工作的必要条件。综合分析质子交换膜燃料电池控制管理方法，可将其分为 9 类：比例积分微分（PID）控制、自适应控制、模糊控制、鲁棒控制、基于观测的控制、模型预测控制、容错控制、最优控制、人工智能控制。从控制目标的角度，主要是针对电堆温度、堆内散热水、质子交换膜湿度、氢气和氧气的压力、氢气和氧气的质量流率、过氧比、输出电量等方面进行控制和管理。对于中低空新能源飞行器，通常采用风冷自增湿开放阴极的氢燃料电池技术，其主要侧重于热管理和水管理两方面。接下来，将重点介绍氢燃料电池温度控制方法和水管理方法。

5.3.1 氢燃料电池温度的 PID 控制方法

氢燃料电池温度对其寿命和性能有重要的影响，温度过高时，由于质子交换膜本身的材料属性，易发生质子交换膜脱水、收缩、皱褶或破裂等现象，导致电池受损；温度过低时，会降低化学反应速率，使得氢燃料电池的输出性能达不到预期要求。因此，必须通过控制氢燃料电池系统的内部温度，使得其功率输出能稳在一定范围内，满足负载工作和安全运行的需求。

由于 PID 控制方法对不确定非线性系统的适应性较强，算法相对简单，便于工程实现，因此 PID 温度控制是氢燃料电池热管理常采用的控制方法，图 5 – 26 所示为氢燃料电池温度的 PID 控制原理示意图。

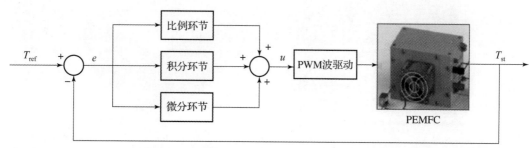

图 5 – 26　氢燃料电池温度 PID 控制原理示意图

其中，T_{ref} 是燃料电池处于最佳运行状态的目标温度，T_{st} 为燃料电池的实际温度，e 为两者的控制偏差，其表达式为

$$u(t) = k_p e(t) + k_i \int e(t) + k_d \frac{d(e(t))}{dt} \qquad (5-16)$$

式中，k_p, k_i, k_d——比例环节系数、积分环节系数和微分环节系数。

PID 控制器的比例环节通过引入比例系数，在实际温度与目标温度有偏差时直接进行比例放大控制；积分环节可以消除稳态误差，提高控制系统的准确度；微分环节可以加快控制反应速度，降低振荡。对于风冷质子交换膜氢燃料电池，PID 控制器通过调整风扇驱动PWM 波的占空比来改变风扇转速，从而实现散热调节。

5.3.2 安时积分门限水管理方法

在氢燃料电池的阳极内部发生电化学反应，产物为水。阳极为封闭状态时，生产的水会持续积累，导致含水量过多，将气体通道阻塞，发生水淹故障；而含水量过少时，会使质子交换膜过于干燥，电导率下降，引起电池工作性能的下降。因此，需要对氢燃料电池进行水管理，由膜电极组件（membrane electrode assembly，MEA）的水平衡模型可知，膜水含量与电堆电流 I_{st}、运行时间 t、进排气的相对湿度、阳极排气阀开闭时间有关。为了避免发生水淹故障，结合电堆电流 I_{st}，对阳极排气阀进行开闭控制。电磁阀为常闭阀，开启时，阳极的水随氢气排出。

本节介绍一种安时积分门限排水方法作为水管理策略。给电流积分项 $\int_0^t I_{st} dt$ 设计阈值 ε，通过判断电流积分与阈值的关系来调节排气阀的开闭状态；排气阀开启时间固定，如

$0.25\,s$，由此来控制排气阀开闭占空比。具体执行过程如下：

（1）$\int_0^t I_{st}\mathrm{d}t \geq \varepsilon$ 时，由燃料电池控制器发出高电平，控制电磁阀驱动电路导通，使电磁阀处于开启状态，使累积的水在气流的冲击下被带离燃料电池堆。

（2）$\int_0^t I_{st}\mathrm{d}t \leq \varepsilon$ 时，由燃料电池控制器发出低电平，控制电磁阀驱动电路断开，使电磁阀处于关闭状态，进入下一个水累积阶段。

5.4　电池管理与控制实验

5.4.1　锂离子电池管理与控制实验

**BMS 控制器放电
实验视频**

1. 实验目的

（1）了解锂电池管理系统的主要功能，掌握 BMS 控制器参数的设置方法。

（2）学习 BMS 的使用及调试过程，完成放电过程的实验测试。

2. 实验内容

（1）锂电池放电时，BMS 保护控制实验。

（2）锂电池充电过程中电池状态监测实验。

3. 实验设备及软件

本实验所需的主要设备包括 BMS 控制器、BMS 调试器、电子负载、锂电池、上位机及 BMS 上位机控制软件，如表 5 – 4 所示。

表 5 – 4　本实验所需的设备及软件

序号	类别（设备/软件）	设备及软件名称	型号/规格
1	实验设备	BMS 控制器	NE – BMS V1.0 控制器
2	实验设备	BMS 调试器	EV2400 BMS 调试器
3	实验设备	电子负载	ZY8715 电子负载
4	实验设备	锂电池	格氏 5 300 mAh 3S 锂电池
5	实验设备	上位机	PC
6	软件	BMS 上位机控制软件	bqStudio

4. 实验过程

1）设备连接

根据图 5 – 27 所示的实验系统架构，先将锂电池与 BMS 控制器连接，并用绝缘胶带将两个热敏电阻分别粘贴在电池两侧，以实现对锂电池温度的测量；将 BMS 控制板的 J17 接口与 EV2400 调试器的 SMB 端口连接，将 EV2400 调试器的 USB 端口与上位机连接，将 BMS 输出接口与电子负载连接；连接完成后，打开电子负载，等待设备启动完毕。

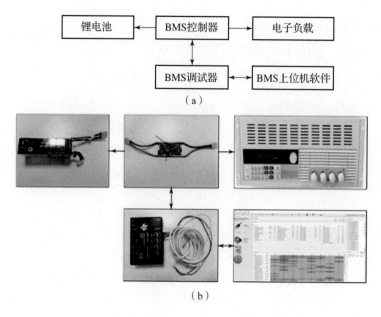

（a）

（b）

图 5 - 27　放电过程锂电池 BMS 控制实验系统架构

（a）放电实验系统；（b）放电实验系统实物连接示意

2）放电过程测试

（1）按下 BMS 控制板上的【boot】键，激活控制板。然后，按下 BMS 控制板上的【LED Control】键。观察 BMS 控制板上 LED 灯的显示个数，确定电池电量可以完成实验过程，避免过放损伤电池。

（2）启动 bqStudio 软件。从上位机中打开 BMS 上位机控制软件，其界面如图 5 - 28 所示。

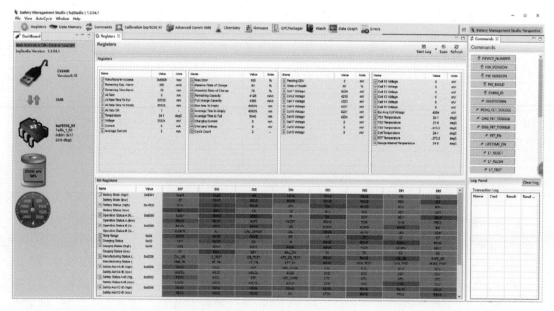

图 5 - 28　BMS 上位机控制软件 bqStudio 主界面

（3）设置电池保护参数。如图 5 – 29 所示，在"Data Memory"（数据寄存器）界面的"Protections"（保护设置）菜单中，设置单片低电压（cell under voltage，CUV）、单片过电压（cell over voltage，COV）、充电过流（over current charge，OCC）、放电过流（over current dischrage，OCD）保护参数。本示例中，根据所采用的锂电池参数，设置取值分别为：CUV = 3 700 mV，COV = 4 300 mV，OCC = 26 500 mA，OCD = – 32 000 mA。设置完毕后，单击"Read All"按钮，确认设置成功。

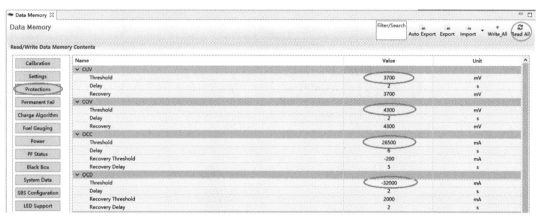

图 5 – 29　设置锂电池保护参数

（4）打开 MOSFET 场效应管。在"Advanced Comm SMB"界面的"Write Word"（写命令）文本框中，输入"001F"和"0020"，并单击"Write Word"按钮，分别打开充放电 MOS 管，如图 5 – 30 所示。设置完毕后，观察"Registers"界面中充放电 MOSFET 管的开关情况（绿色为关闭，红色为打开），确保对应的 MOSFET 管为红色，如图 5 – 31 所示。否则，重新执行写命令操作。

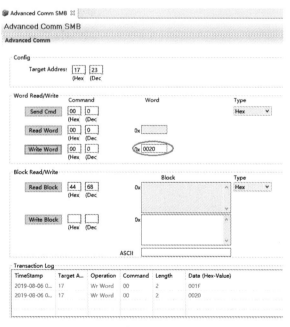

图 5 – 30　高级通信设置界面

（5）选择需要保存的状态信息。单击"Registers"界面中的"Start Log"按钮，选择文件保存地址，并命名文件名称。然后，启动放电测试，并开始记录数据。实验过程中，注意观察电池 SOC，以及每片电池间电压均衡等情况。

Bit3	Bit2	Bit1	Bit0
RSVD	RSVD	PB	CC
RSVD	RSVD	PBS	ICC
TDA	RSVD	RCA	RTA
EC3	EC2	EC1	EC0
SS	SDV	SEC1	SEC0
PCHG	DSG	CHG	PRES
SLPCC	SLPAD	RSVD	INIT
RSVD	AUTH	LED	SDM
HT	ST	LT	UT
RSVD	RSVD	FCHG	PCHG
RSVD	FCCX	OCVFR	REST
TC	TD	FC	FD
RSVD	RSVD	LED_EN	SAFE_EN
RSVD	DSG_TEST	CHG_TEST	PCHG_TEST
UTD	UTC	OTD	OTC
OCD	OCC	COV	CUV
UTD	UTC	OTD	OTC
OCD	OCC	COV	CUV
RSVD	RSVD	RSVD	RSVD

图 5 – 31　充放电 MOSFET 管开关打开

（6）启动电子负载进行电流加载。在电子负载控制面板上，按【I – set】键设置恒流模式，并设置加载电流，本示例中设置为 1 C 倍率，即 5.3 A。按【On/Off】键，启动加载；放电一段时间（如 10 min）后，再次按【On/Off】键，停止电子负载加载。在"Registers"界面中观察电池电量和电压下降情况。

3）充电实验

首先，按照图 5 – 32 连接实验设备（即将图 5 – 27 中的电子负载换成可编程直流电源）；其次，执行以下操作流程。

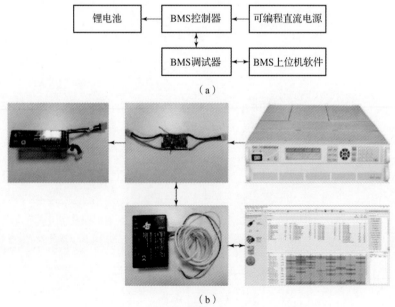

（a）

（b）

图 5 – 32　锂电池 BMS 实验系统实物连接图

（a）充电实验系统；（b）充电实验系统实物连接示意

（1）设置直流电源的输出电压为锂电池的充电截止电压，设置输出电流为锂电池的 1C 倍率。本示例中，对于 6S 锂电池可设置为 25.2 V 和 5.3 A。然后，启动输出，即开始对锂电池充电。

（2）充电一段时间（如 10 min）后，关闭直流电源，停止充电，并在"Registers"界面中观察电池电量和电压情况。

4）结束实验并检查数据

如图 5 - 33 所示，单击"Registers"界面中的"Stop Log"按钮，停止数据记录。浏览数据文件地址，打开记录数据，检查确认包含 ElapsedTime、ExtAvgCellVolt、Current、Temperature 四列数据。然后，提取该数据并处理。

图 5 - 33　停止数据记录

5. 讨论与思考

（1）如何确定锂电池的过流、过压、欠流、欠压保护参数？

（2）总结充电过程中每个电池片间的电压均衡情况，并讨论达到电池间均衡的工作原理。

（3）不改变电池串数（仍为 6 片），如何测试 BMS 的电压均衡功能？

（4）如何测试 BMS 的保护功能是否有效？请给出安全触发 BMS 保护功能的方案。

5.4.2　太阳能电池最大功率点追踪实验

1. 实验目的

（1）了解太阳能电池最大功率点追踪（MPPT）方法，理解 MPPT 对太阳能电池高效应用的意义。

（2）学习 MPPT 的原理、功能和作用，以及实现 MPPT 的控制过程。

（3）掌握 MPPT 的测试方法，实现对 MPPT 过程的捕获。

2. 实验内容

（1）模拟太阳能电池板电力特性，并使用 MPPT 控制器跟踪其最大功率点。

太阳能电池最大功率点
追踪实验视频

（2）采用示波器配合上位机软件，捕获 MPPT 跟踪最大功率点的过程。

3. 实验设备及软件

本实验所需的主要设备包括 MPPT 控制器、仿真器、光伏阵列模拟器、电子负载、示波器、上位机、增量电导法代码、串口通信软件及示波器上位机软件，如表 5 - 5 所示。

表 5 – 5　本实验所选用设备及软件

序号	类别（设备/软件）	设备及软件名称	型号/规格
1	实验设备	MPPT 控制器	NE – MPPT V1.0 控制器
2	实验设备	仿真器	DSP 仿真器
3	实验设备	光伏阵列模拟器	AV1763 光伏阵列模拟器
4	实验设备	电子负载	ZY8715 电子负载
5	实验设备	示波器	Tektronix DPO 4104 数字荧光示波器
6	实验设备	上位机	PC
7	软件	增量电导法代码	自主开发增量电导法代码
8	软件	串口通信软件	XCOM 2.0 串口助手
9	软件	示波器上位机软件	OpenChoice

4. 实验过程

1）设备连接

根据图 5 – 34 所示的实验系统架构，连接实验设备。其中，数字示波器通过配套连接线与上位机的 USB 接口相连，MPPT 控制器的输入电压、输出电压、输入电流、输出电流分别与示波器的四个信号通道相连。连接完成后，分别为各设备上电，等待启动完毕。

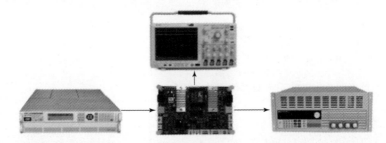

图 5 – 34　MPPT 实验系统架构

2）设置光伏阵列模拟器

首先，设置输出模式为 SAS：按【菜单】键→选择"Output"→"Mode"→"SAS"，如图 5 – 35（a）所示。完成后，返回"Output"界面。然后，依次选择"SAS"→"Curve"，进入太阳能电池工程参数设置界面，如图 5 – 35（b）所示。完成后，返回主界面。

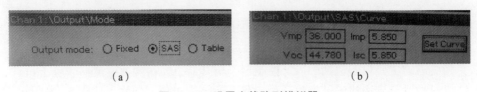

（a）　　　　　　　　　　　　　　　（b）

图 5 – 35　设置光伏阵列模拟器

（a）选择 SAS 模式；（b）设置工程参数

- 最大功率点电压（Vmp）= 36 V
- 开路电压（Voc）= 44.78 V
- 最大功率点电流（Imp）= 5.85 A
- 短路电流（Isc）= 5.85 A

3）下载并启动增量电导法程序至 MPPT 控制器

将 DSP 下载器连接 MPPT 控制器，打开 CCS 上位机软件，将增量电导法程序编译并下载到 MPPT 控制器。

4）设置电子负载电阻

按【R - set】键，即选择恒阻模式，按【Enter】键，然后调节旋钮来设定阻值。本示例中，将阻值调节为 4 Ω。

5）调试示波器通信

在上位机打开 OpenChoice 软件，并打开 "Instruments Manager" 界面（一般位于 PC 界面右下角隐藏处）。更新仪器列表，直到出现图 5 - 36 所示的示波器信息，表明通信正常；否则，需要检查上位机与示波器的网络地址是否合适。

图 5 - 36　搜索到示波器设备 IP

6）上位机连接示波器

打开 OpenChoice 软件，单击 "Select Instrument" 后，找到相应的设备，单击 "√" 按钮，如图 5 - 37 所示。

图 5 - 37　OpenChoice 软件界面

7）测试示波器显示界面抓取

单击 "Get Screen" 按钮，观测示波器波形是否成功显示在上位机软件，若成功，则显示如图 5 -38 所示。

8）测试 MPPT 的 DC/DC 模式

打开光伏阵列模拟器开关，观察 MPPT 控制器 LED 灯是否闪烁。若闪烁，则打开电子负载，观察电压显示为 2 V 左右，则测试正常。

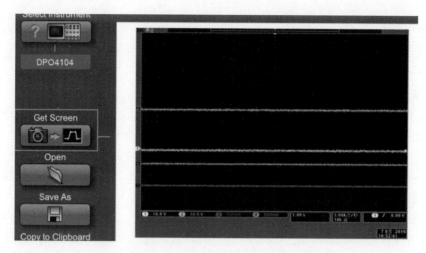

图 5-38　测试示波器显示界面抓取成功

9）测试 MPPT 的最大功率电跟踪模式

用跳线帽将 MPPT 启动触发引脚连接之后，观察示波器的波形变化。当最大功率点追踪过程完全结束后，按下示波器的【Run/Stop】键，使示波器画面暂停。

10）截取示波器显示界面数据

打开上位机中 OpenChoice 软件，单击 "GetScreen" 按钮，获取示波器此刻波形，单击 "Save As" 按钮保存，并单击上方的 "Waveform Data Capture" 按钮，在 "Select Channels" 中勾选 CH1、CH2、CH3、CH4 四个通道，如图 5-39 所示。然后，单击 "Get Data" 按钮，获取数据，并单击 "Save As" 按钮保存。

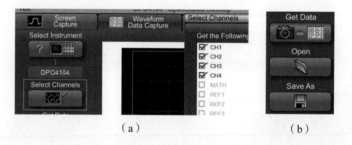

（a）　　　　　　　　　　　　　　　　　　　（b）

图 5-39　示波器上位机显示界面

(a) 选择通道；(b) 抓取操作界面

11）停止实验

将电子负载切换至面板控制并按【On/Off】键停止电子负载运行，按光伏阵列模拟器操作面板的【开/关】键，停止光伏阵列模拟器输出，断开 MPPT 跳线帽。然后，断开设备电源开关，保存实验数据。其中，输入/输出电流信息是通过电压采样得到。将电压转为电流信息的曲线拟合公式如下：

$$I_{in} = 5.838 \times CH_x - 0.8755 \tag{5-17}$$

$$I_{out} = 5.1001 \times CH_y - 0.6857 \tag{5-18}$$

式中，$x, y \in \{1, 2, 3, 4\}$，$x \neq y$。

5. 讨论与思考

（1）每个通道所测量的都是电压信息，如何确定输入和输出电流信息？

（2）如何通过四个通道的数据，分析 MPPT 控制器是否发挥作用使太阳能电池达到了到最大功率点？

（3）电子负载为何采取恒阻模式？能否采用其他模式（如恒功率模式）？

（4）是否电子负载在每一个阻值下，MPPT 控制器都能发挥最大功率点跟踪的作用？

（5）如何通过四个通道的数据分析，判断太阳能电池工作在最大功率点附近？

5.4.3　局部阴影条件下太阳能电池最大功率点追踪实验

1. 实验目的

（1）了解局部阴影现象以及局部阴影对太阳能电池功率 - 电压特性曲线的影响。

（2）基于传统的最大功率点跟踪算法，理解萤火虫算法实现 MPPT 的原理。

（3）模拟实际外界多变环境，掌握萤火虫算法应对复杂环境条件的鲁棒性。

（4）了解当前应对多阴影环境条件以实现全局最大功率点跟踪的方法。

2. 实验设备及软件

本实验所需的主要设备包括 MPPT 控制器、仿真器、光伏阵列模拟器、电子负载、示波器、上位机、萤火虫算法代码及串口通信软件，如表 5 - 6 所示。

表 5 - 6　本实验所选用设备及软件

序号	类别（设备/软件）	设备及软件名称	型号/规格
1	实验设备	MPPT 控制器	NE - MPPT V1.0 控制器
2	实验设备	仿真器	DSP 仿真器
3	实验设备	光伏阵列模拟器	AV1763 光伏阵列模拟器
4	实验设备	电子负载	ZY8715 电子负载
5	实验设备	示波器	Tektronix DPO 4104 数字荧光示波器
6	实验设备	上位机	PC 计算机
7	软件	萤火虫算法代码	自主开发萤火虫算法代码
8	软件	串口通信软件	XCOM 2.0 串口助手

3. 实验内容

本实验通过光伏阵列模拟器模拟局部阴影条件，接入已嵌入萤火虫算法的 MPPT 控制器，实现全局最大功率点跟踪。

4. 实验过程

1）设备连接

按照图 5 - 40 所示的实验系统架构，将光伏阵列模拟器与 MPPT 控制器相连，MPPT 控制器再与电子负载相连，将 MPPT 控制器的输入端和输出端电压接入示波器。最后，将示波器、光伏阵列模拟器、电子负载通过各自的通信线接入上位机。连接完成后的效果如图 5 - 41 所示。

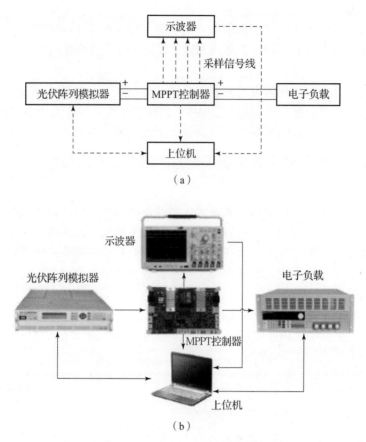

（a）

（b）

图 5 –40　局部阴影条件下太阳能电池 MPPT 实验系统架构

（a）实验系统框图；（b）实物连接示意图

图 5 –41　模拟局部阴影条件 MPPT 实验场景图

2）模拟局部阴影伏安特性曲线

将光伏阵列 I – V 输出特性数据曲线从仿真模型中导出，如图 5 – 42 所示。然后，通过上位机上传到光伏阵列模拟器。

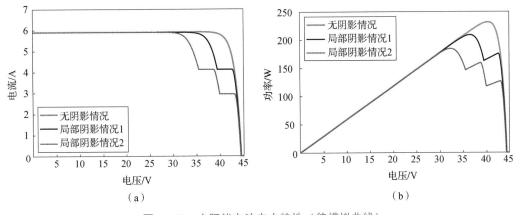

图 5 - 42　太阳能电池电力特性（待模拟曲线）

（a）伏安特性曲线；（b）功率特性曲线

3）下载并启动萤火虫算法至 MPPT 控制器

将 DSP 下载器连接 MPPT 控制器，打开 CCS（combined charging system，复合充电系统）上位机软件，分别将增量电导法、萤火虫算法程序编译并下载到 MPPT 控制器。

4）启动电子负载

将电子负载调整到恒电阻模式，首先设置电子负载阻值为 20 Ω，然后启动电子负载，开始测试。

5）导出实验数据并处理

先后断开电子负载、光伏阵列模拟器。然后，保存实验数据并导出后进行处理。

5. 讨论与思考

（1）分析增量电导法稳定后的工作电压是否为最大功率点电压，该方法能否实现局部阴影条件下的太阳能电池最大功率点跟踪控制？

（2）分析萤火虫算法稳定后是否实现了全局最大功率点的跟踪控制，并分析该算法相对增量电导法的优势。

（3）探索萤火虫算法应对局部阴影条件变化的适应性和鲁棒性。

5.4.4　氢燃料电池温度调节测试实验

1. 实验目的

（1）了解氢燃料电池温度控制的方法，以及温度对氢燃料电池性能的影响。

（2）学习氢燃料电池控制器的通信协议，了解 CAN 和 SPI 总线通信协议，以及 ADC 采样的电压测量方法，分析电池温度与风扇开度的关系。

氢燃料电池温度调节
测试实验视频

2. 实验内容

（1）氢燃料电池状态信息和控制信息采集。

（2）基于 PID 控制的氢燃料电池温控实验。

3. 实验设备及软件

本实验所需的主要设备包括混合能源管理模块、安全供氢系统、氢燃料电池、电子负载、电流电压传感器、上位机、嵌入式通信接口程序、电子负载上位机软件及串口通信软件，如表 5 - 7 所示。

表 5 – 7　本实验所选用的设备及软件

序号	类别（设备/软件）	设备及软件名称	型号/规格
1	实验设备	混合能源管理模块	STM32F767 阿波罗开发板
2	实验设备	安全供氢系统	防爆安全柜、40 L 标准储氢钢瓶、两级减压调节阀（各配气压表）、供氢软管组成
3	实验设备	氢燃料电池	EOS100 燃料电池
4	实验设备	电子负载	ZY8715 电子负载
5	实验设备	电流电压传感器	NE – CVS V1 电流电压传感器
6	实验设备	上位机	PC
7	软件	嵌入式通信接口程序	信息采集嵌入式通信接口程序
8	软件	电子负载上位机软件	Load Monitor
9	软件	串口通信软件	XCOM 2.0 串口助手

4. 实验过程

1）设备连接

根据图 5 – 43 所示的实验系统架构，连接实验设备。其中，氢燃料电池控制器通过 CAN 总线与 STM32 开发板连接，电流电压传感器中的电流信号通过 SPI 总线与 STM32 开发板连接，电压信号与 STM32 开发板的 ADC 接口连接。然后，将 STM32 开发板和电子负载分别通过各自的 USB 接口与上位机连接，保持供氢软管与燃料电池断开。其他连接完成后，仅打开电子负载和上位机，然后等待设备启动完毕。

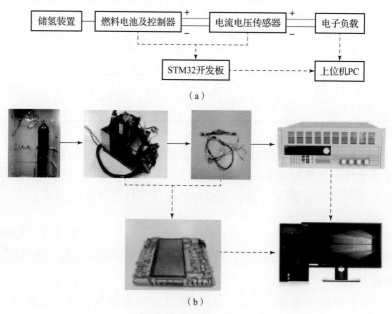

（a）

（b）

图 5 – 43　氢燃料电池温度调节测试实验系统架构

（a）实验系统原理框图；（b）实物连接示意图

2）配置电子负载上位机通信

打开 Load Monitor 软件，在"配置"界面设置地址为 1、波特率为 115 200，检查并选择对应电子负载的端口号，无校验，单击"确定"按钮。待软件主页面下方的 RX 灯、TX 灯闪烁，表示通信正常。

3）设置电子负载程序化加载任务

在软件中设置工作模式为电流模式（CC Mode），置"输入打开"，在"工作模式"中选择"连续"。设置电流加载的时序（0 A→7 A→0 A），步长为 1 A，持续时间为 30 s，如图 5-44 所示。

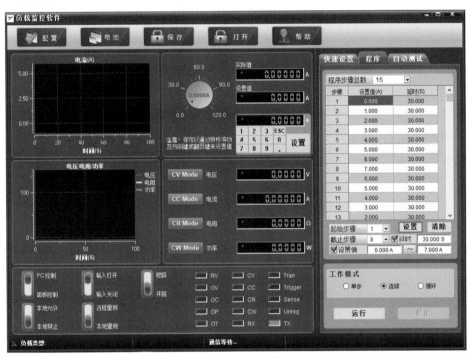

图 5-44　程序化加载任务

4）调试 STM32 与上位机的通信

按下 STM32 控制板的开关按钮，并按底边的复位按钮，使屏幕可正常显示测量信息。打开串口助手软件，如图 5-45 所示，选择相应串口并设置串口号，设置波特率为 115 200，停止位为 1，数据位为 8，无奇偶校验，然后选中"打开串口"。

5）启动氢燃料电池

打开氢气瓶阀门，并调节二次减压阀出口压力至氢燃料电池进口允许压力。通过手动排气确认压力基本稳定后，接入氢燃料电池进氢口，从而启动氢燃料电池。本示例中，氢燃料电池进口允许压力范围为 0.4~0.5 bar。氢燃料电池接上氢气后，电磁阀进行 3 次喷气，表示工作正常。

图 5-45　设置参口参数并打开串口

6）确认氢燃料电池控制器与 STM32 开发板通信正常

通过 STM32 开发板的 LCD 显示屏观察对应的电堆状态和电流电压传感器的信息是否正

常。若正常，则进行下一步操作；否则，检查通信连接和接口配置是否正确，确保通信正常。

7）启动测试

按电子负载的【On/Off】键，打开电子负载（若面板无法控制电子负载，则先在上位机软件界面中切换至"面板控制"，启动电子负载的"On"状态后，再恢复至"PC 控制"），在上位机软件界面单击"运行"按钮，加载所设计的序列，进入加载测试，直至加载完毕。

8）停止实验

记录电子负载加载电流时序、燃料电池的输出电压和电流、燃料电池温度、风扇开度、排气间隔时间等信息，保存数据。在上位机的串口助手软件界面上单击"关闭串口"按钮后，单击"保存窗口"按钮，将数据保存并命名。然后，关闭氢气瓶阀门，断开燃料电池供氢软管，并将剩余氢气排入氢气柜或室外。最后，关闭电子负载和其他设备电源。

5. 讨论与思考

（1）为什么燃料电池风扇转向所采用的是吸气式，而不是吹气式？

（2）如何得到不同负荷下的燃料电池的温度控制目标值？

（3）燃料电池堆温度与周围环境温度有何关系？采用风冷会有哪些优势和问题？

（4）对于燃料电池飞行器，思考燃料电池放在狭小机舱内应用时的舱内热管理方案。

思 考 题

（1）BMS 控制器具有哪些功能？如何实现锂电池的高温保护功能？

（2）MPPT 控制器有哪些控制方法？请分别阐述它们的适用范围。

（3）为了确保氢燃料电池的正常使用，氢燃料电池控制器需要具备哪些功能？

第 6 章

混合能源管理与控制方法及实验

根据第 2 章的介绍，在新能源飞行器的典型能源动力系统拓扑结构中，通常采用多种电源混合的能源系统方案。为了使混合能源系统有效运行，需要采取一定的能源管理策略来实现混合能源的管理与控制。根据能源管理的方式不同，一般可将其分为被动控制和主动控制。其中，被动控制因其方案简单，容易工程实现，是目前主要的应用方式；主动控制需要采取混合能源管理系统，通过对各种能源的状态进行监测，并根据一定的能源管理策略，对能源功率分配进行管理，充分发挥各类能源优势，达到能量消耗最小的目的。相较于被动控制，主动控制可以最优化地发挥各种能源的优势，应用前景十分广泛。主动控制策略主要分为基于规则的能源管理策略和基于优化的能源管理策略。本章重点介绍几种典型的主动控制策略，以太阳能电池、氢燃料电池和锂电池等能源的不同混合为例给出具体的流程，并开展相应的混合能源管理与控制实验。

6.1 基于规则的混合能源管理与控制方法

基于规则的混合能源管理（以下简称"能源管理"）策略的主要思路：根据系统状态，定义能源系统运行的规则，决定各能源的分配比例。基于规则的管理策略又分为确定规则策略和模糊规则策略，如图 6-1 所示。其中，确定规则策略主要包括状态机策略、功率跟随策略、恒温器策略等；模糊规则策略主要包括传统模糊控制策略、自适应模糊控制策略、预测模糊控制策略等。

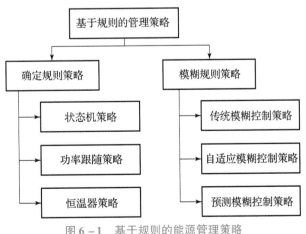

图 6-1 基于规则的能源管理策略

本节重点介绍基于状态机的能源管理策略和基于模糊控制的能源管理策略，并分别以太阳能/氢能混合动力系统和氢燃料电池/锂电池混合动力系统为例，给出对应能源管理策略的具体流程。

6.1.1 状态机能源管理策略

有限状态机（finite - state machine，FSM）简称"状态机"，表示有限个状态以及在这些状态之间的转移和动作等行为的数学模型。采用有限状态机进行建模要满足的条件是：事件是离散的，并且事件之后的状态是有限的。状态机能源管理策略是一种经典的基于规则的管理策略，其主要优点是：计算复杂度低，实时应用性强，控制过程不依赖于特定的工况等，工程化应用相对简单。其不足之处在于状态机策略所采用的规则多来源于启发和直觉的感知，是人为制定的规则，因此其管理效果会受限于制定规则的工程经验。

对于采用状态机管理策略的混合能源新能源飞行器，就是混合能源管理系统实时采集飞行器的当前状态，根据预先设计的混合能源系统的有限的工作状态，通过逻辑门限进行管理和控制。

本节针对太阳能/氢能主动拓扑结构的混合能源动力系统，根据各电源输出能力及负载的需求，建立各种电源的有状态机控制模型，给出一种状态机混合能源管理策略流程。其能源状态划分的主要依据为当前需求电动功率（P_D）、当前太阳辐照度（I_{rr}）、当前锂电池电量状态（SOC）。其管理的主要目标：根据需求功率情况和当前锂电池电量状态，优先利用太阳能电池，充分利用锂电池，尽可能使燃料电池工作在较高效率点，从而提高燃料经济性。

1. 能源状态划分依据

1）锂电池电量状态的划分依据

从锂电池合理健康的使用条件分析，电池的过充过放都会缩短电池的循环使用寿命，甚至对电池造成不可逆的损伤。因此，在进行放电时，需要防止电池电量状态过低，要设置电量下限值作为低电量状态的门限值 SOC_L。锂电池电量较高时，充电效率较低，不宜充电，更适合放电，所以需要设置高电量状态门限 SOC_H。处在高门限值与低门限值之间为中等电量状态，可充电、可放电。因此，锂电池的电量通常可分为三种状态，如图 6 - 2 所示。锂电池电量状态之间若设置明确的界线值，则极易导致局部状态陷阱问题，即在两种电量状态之间高频切换。造成局部状态陷阱的主要原因是在电量界线值两侧锂电池的充放电规则不一致，使得电池在电量临界点频繁充放电。为避免局部状态陷阱、保证状态间平滑过渡，可在锂电池电量状态临界点加入状态回滞环，解决局部状态反复跳变的问题。例如，在 SOC 临界值附近增加一段状态回滞区域，在该区域内保持上一电量状态。若进入 $[SOC_L, SOC_{ML}]$ 之前的状态为低电量状态，则该区域状态为低电量状态；若前一状态为中等电量状态，则该区域状态为中等电量状态。

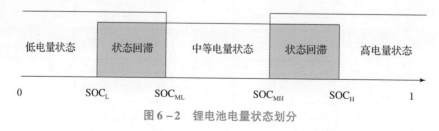

图 6 - 2　锂电池电量状态划分

2）燃料电池特征功率的划分依据

根据燃料电池的基本放电特性，可知燃料电池具有额定功率和最大功率，通常认为额定功率为燃料电池的最佳工作状态。然而，在最大功率下，限于燃料扩散速度不足以支持化学反应的需求，电极附近燃料浓度会迅速下降，极板电压被拉至极低，端电压急剧降低，电流急剧增加，电堆温度会迅速升高，这易导致反应生成的水汽化。考虑到燃料电池膜组件使用寿命，不适宜长期维持该状态。

3）太阳能电池特征功率的划分依据

根据太阳能电池的基本放电特性，可知太阳能电池阵列输出存在最大功率点，因此加入 MPPT 控制器，对太阳能电池阵列的最大功率点进行追踪。当需求功率小于太阳能电池阵列的最大功率时，MPPT 控制器控制太阳能电池阵列跟随需求功率输出；当需求功率大于太阳能电池阵列的最大功率时，MPPT 控制器控制太阳能电池阵列追踪最大功率点，以其最大功率输出。

2. 状态机策略流程设计

接下来，以太阳能/氢能混合动力飞行器为例，给出一种状态机能源管理策略流程，如图 6 - 3 所示。在此共设计了 6 种工作状态，采用三维矩阵表示三种电源的工作状态。其中，矩阵第一位数值表示太阳能阵列的工作状态，"0" 表示无输出、"＋" 表示有功率输出；第二位数值表示锂电池的工作状态，"0" 表示电池为开路状态、"＋" 表示仅放电状态、"－" 表示仅充电状态；第三位数值表示燃料电池系统的工作状态，"0" 表示燃料电池不工作、"＋" 表示燃料电池为工作状态。

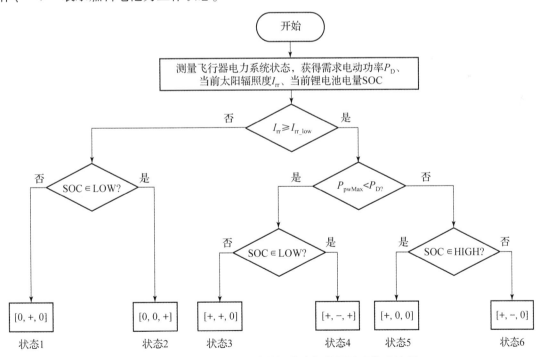

图 6 - 3　太阳能/氢能混合能源状态机能源管理策略流程

3. 策略流程执行过程

首先，测量飞行器电力系统状态，获得需求电动功率 P_D、当前太阳辐照度 I_{rr}、当前锂电池电量状态（SOC）等信息；然后，进行状态判断。

1）当前太阳辐照度无法使太阳能电池正常发电（$I_{rr} < I_{rr\_low}$），如傍晚或夜间

（1）如果锂电池不处于低电量状态，则仅锂电池放电，即 [0, +, 0]。

（2）如果锂电池处于低电量状态（$SOC \in LOW$），则燃料电池放电，即 [0, 0, +]。

2）当前太阳辐照允许太阳能电池正常发电工作（$I_{rr} \geq I_{rr\_low}$），如晴朗白天

（1）太阳能电池无法满足需求功率（$P_{pvMax} < P_D$）：

①锂电池不处于低电量状态，此时由太阳能电池和锂电池同时放电，即 [+, +, 0]。

②锂电池处于低电量状态，此时由太阳能电池和氢燃料电池放电，并为锂电池充电，即 [+, -, +]。

（2）太阳能电池能够满足需求功率：

①锂电池处于高电量状态，此时仅由太阳能电池放电，即 [+, 0, 0]。

②锂电池不处于高电量状态，此时由太阳能电池放电，并为锂电池充电，即 [+, -, 0]。

6.1.2 模糊控制能源管理策略

模糊控制是模糊数学与控制理论相结合的产物，其主要特点是：

（1）不依赖被控对象的精确数学模型，只需要根据经验知识和操作数据确定控制规则。

（2）用语言变量表示控制行为，且不同于传统数学变量，其采用语言变量的模糊性描述控制规则，从而将专家知识融入控制系统设计。

（3）以不精确推理模拟人的思维过程，介入人的经验，处理复杂的（甚至病态的）系统控制问题。

（4）鲁棒性强，对过程参数变化不敏感，适合解决传统控制方法难以处理的非线性、时变以及大滞后问题。

模糊控制能源管理策略是一种基于专家知识的人工智能控制策略。其主要优点是突破了状态机策略有限的确定性规则，能够解决混合能源系统状态不确定性特征问题，计算成本低，对计算能力要求不高，便于在线应用；其主要缺点是对专家知识较为依赖，需要开发者反复调试，无法保证控制效果的最优性，很难完全挖掘混合能源高效利用的潜力，且在不同拓扑结构间的移植性差。

6.1.2.1 模糊控制原理

图6-4所示为模糊控制的原理框图，与传统控制系统不同的是，控制器部分采用模糊控制方法。首先，参考控制信号 $r(t)$ 与传感器的反馈信号 $v(t)$ 进行比较，产生误差信号 $e(t)$；其次，通过模糊控制器处理，产生控制量 $u(t)$ 并传递给执行机构，通过执行机构作用到被控对象上，产生输出信号 $y(t)$，这些信号在模糊控制器处理前与处理后都是清晰明确的值。模糊控制器首先将这些明确值模糊化成模糊变量；其次，经过模糊控制规则处理，得到模糊决策结果；最后，通过解模糊处理，得到清晰明确的控制输出量。

模糊控制系统的控制效果会受到模糊控制器所采用的结构、模糊控制规则和模糊推理决策方法等因素的影响。图6-5所示为模糊控制器的基本结构，其一般包含模糊化接口、模糊推理机、知识库和解模糊化接口四部分。其中，知识库中包含根据专家经验知识制定的模糊控制规则，这是模糊控制器的核心部分，是控制策略和控制经验的具体实现；其他部分主要是提供输入输出等辅助作用。

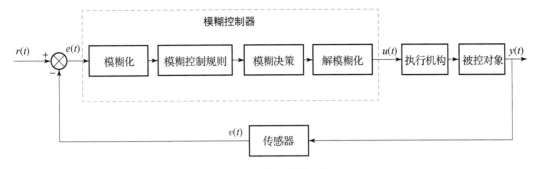

图 6 - 4　模糊控制原理框图

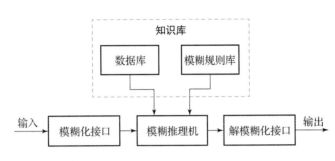

图 6 - 5　模糊控制器基本结构

1. 模糊化接口

由于模糊控制器只能处理模糊变量，因此需要采用模糊化接口对输入的明确数值进行模糊化。将模糊控制器输入量的确定值转换为相应的模糊语言变量值，是把输入的清晰量映射成模糊子集及其隶属度函数的过程，主要包括两方面：输入变量的模糊化；模糊子集隶属度函数的选取。

1）输入变量的模糊化

输入变量的取值范围有所不同。为了便于计算处理，首先将不同变化范围的精确输入量转换为所规定论域范围内的离散值。例如，对于输入信号 $X = [e \quad \dot{e}]$，假设覆盖 e 的模糊论域为 $E = \{-1, 0, 1\}$，对应模糊子集为 "B（大）""M（中）""S（小）"；覆盖 $\dot{e}$ 的模糊论域为 $[-3, -2, -1, 0, 1, 2, 3]$，对应模糊子集为 "NB（负大）""NM（负中）""NS（负小）""0（零）""PS（正小）""PN（正中）""PB（正大）"。

2）模糊子集隶属度函数的选取

模糊控制中将清晰变量模糊化为模糊变量的数学体现就在于隶属度函数，它把模糊度量转换为标准的 $[0, 1]$ 区间，所选取的模糊子集由隶属度函数 $\mu(x)$ 来描述。对于连续论域的隶属度函数，一般选取三角形、梯形或高斯分布型。例如，$x \in [-3, 3]$ 所对应的模糊子集为 NB、NM、NS、0、PS、PM、PB，采用高斯分布函数为

$$\mu(x) = e^{-\frac{(x-c)^2}{2\sigma^2}} \tag{6-1}$$

式中，c——分布的平均值；

σ——标准差，取大于零的实数。σ 越大，$\mu(x)$ 曲线就越宽，分辨率就越低，控制特性比较平缓；σ 越小，$\mu(x)$ 曲线就越窄，分辨率就越高，控制灵敏度也越高。

取 $\sigma = 0.36$，各模糊子集的隶属度可表示为

$$\begin{cases} \mu_{NB}(x) = e^{-\frac{(x+3)^2}{0.36}}, & x \in [-3, -2] \\ \mu_{NM}(x) = e^{-\frac{(x+2)^2}{0.36}}, & x \in [-3, -1] \\ \mu_{NS}(x) = e^{-\frac{(x+1)^2}{0.36}}, & x \in [-2, 0] \\ \mu_0(x) = e^{-\frac{(x+0)^2}{0.36}}, & x \in [-1, 1] \\ \mu_{PS}(x) = e^{-\frac{(x-1)^2}{0.36}}, & x \in [0, 2] \\ \mu_{PM}(x) = e^{-\frac{(x-2)^2}{0.36}}, & x \in [1, 3] \\ \mu_{PB}(x) = e^{-\frac{(x-3)^2}{0.36}}, & x \in [3, 3] \end{cases} \quad (6-2)$$

2. 知识库

知识库包含数据库和模糊规则库。其中，数据库存放系统各种输入/输出变量对应的隶属度函数、规范化因子和模糊算法等，为求解模糊推理过程提供必要的数据；模糊规则库是模糊控制的核心，通过符合模糊逻辑的条件语句形式表达状态变量与控制变量之间的模糊逻辑关系。

模糊规则库由一系列模糊规则构成，设 A、B 和 C 是模糊关系或模糊命题，模糊规则的结构形式如下：

$$\text{IF} \quad A \quad \text{AND} \quad B \quad \text{THEN} \quad C \quad (6-3)$$

可见，模糊规则分为前提部分（IF …）和结论部分（THEN …），前提部分描述原因，结论部分描述与控制行为相关的结果。这种形式的模糊规则能够实现输入和输出的非线性映射，因此能建立通用静态非线性控制函数。

模糊命题是模糊控制器的基本单元，设 x 和 y 是语言变量，其论域分别为 X 和 Y，其可取的语言值集合为 T 和 F，那么以下结构：

$$A: x \quad \text{is} \quad T_i \quad (6-4)$$
$$B: y \quad \text{is} \quad F_j \quad (6-5)$$

表示模糊命题 A 和 B。式（6-3）所示的结构表示 A 和 B 的模糊关系为 AND，是经典的"与"算子。

多条模糊规则构成模糊规则库，可以使用二维的模糊状态表来描述模糊控制规则库，如表 6-1 所示。

表 6-1 模糊规则状态表

C $\diagdown$ $\dfrac{A}{B}$	VH	H	M	L	VL
L	VH	VH	H	M	L
M	VH	H	M	L	L
H	H	M	L	VL	VL

3. 模糊推理机

模糊推理机是根据模糊逻辑法则把模糊规则库中的模糊规则转换成某种映射，而这种映射用于解释每条规则的意义。评价模糊规则前提部分对结论部分产生的影响称为模糊蕴涵。每条规则都可以结合模糊蕴涵关系合成推理规则，在控制应用中有两种模糊蕴涵关系最常用：乘积蕴涵（Larsen 方法）、取小蕴涵（Mamdani 方法）。

合成的模糊推理规则为

$$C = (A \times B) \circ R \qquad (6-6)$$

式中，R——模糊蕴涵关系。

两种模糊蕴涵的推理方法如下：

$$\mu_{R_{AB} \to R_C} = \mu_{R_{AB}} \cdot \mu_{R_C} \qquad (6-7)$$

$$\mu_{R_{AB} \to R_C} = \min(\mu_{R_{AB}}, \mu_{R_C}) \qquad (6-8)$$

式中，$\mu_{R_{AB} \to R_C}$——式（6-6）规则所采用的模糊蕴涵的隶属度；

$\mu_{R_{AB}}$——A 与 B 运算后的隶属度；

μ_{R_C}——命题 C 的隶属度。

表 6-1 中的模糊蕴涵关系为 $R_i(i-1,2,\cdots,15)$，则合成的模糊推理规则为

$$C = \bigcup_{i=1}^{15} (A \times B) \circ R_i \qquad (6-9)$$

可见，模糊推理需要包含 3 个计算过程——与运算、合成运算、和蕴涵运算，才能构成模糊推理机的完整过程。

4. 解模糊方法

模糊控制器中经过模糊推理过程得到的输出量是模糊量，不能将其直接作用于执行器实现系统控制，必须将其转换成控制执行器所需的精确量（又称清晰值）。从输出模糊集合提取精确输出值的过程称为解模糊。解模糊通常采用如下几种方法：

1）最大隶属度法

最大隶属度法是在输出模糊集合中选取最大隶属度值作为控制输出值。若输出模糊集合 C 的隶属度函数只有一个极值，则取隶属度函数的最大值作为清晰值，即

$$\mu_C(z_0) \geqslant \mu_C(z), \; z \in Z \qquad (6-10)$$

式中，z_0——清晰值；

z——模糊变量；

Z——模糊论域。

若输出模糊集合 C 的隶属度函数有多个极值，则取这些极值的平均值作为清晰值。

2）面积平分法

面积平分法又称中位数法。该方法取中位数作为 z 的清晰值，即 z_0 等于 $\mu_C(z)$ 的中位数，以 a 为下边界、b 为上边界、z_0 为分界线，则满足下式：

$$\int_a^{z_0} \mu_C(z)\,\mathrm{d}z = \int_{z_0}^{b} \mu_C(z)\,\mathrm{d}z \qquad (6-11)$$

3）重心法

重心法又称加权平均法。对于连续的模糊变量论域连续，则可根据面积重心原理进行积分得到清晰值，即

$$z_0 = \frac{\int_a^b z \cdot \mu_C(z)\,\mathrm{d}z}{\int_a^b \mu_C(z)\,\mathrm{d}z} \qquad (6-12)$$

对于连续的模糊变量的论域离散，则取 $\mu_C(z)$ 的加权平均值作为清晰值，即

$$\hat{z}_0 = \frac{\sum_{i=1}^n z_i\,\mu_C(z_i)}{\sum_{i=1}^n \mu_C(z_i)} \qquad (6-13)$$

6.1.2.2　模糊控制能源管理策略设计

本节针对氢燃料电池/锂电池混合主动拓扑能源系统，给出模糊控制能源管理策略设计示例。该系统的状态变量包括锂电池电量状态 SOC 和需求功率 P_D，而控制量为燃料电池输出功率，即燃料电池经过 DC/DC 功率转换器后的输出功率 P_{fc}。模糊控制器的输入输出关系如图 6-6 所示，燃料电池无人机需求功率 P_D 和锂电池电量状态 SOC 为模糊控制器的输入变量，通过分析两者变化合理决定模糊控制器输出变量 P_{fc}，而锂电池的功率则由功率平衡原则自动补偿。

图 6-6　模糊控制器的
输入输出关系示意图

1. 状态和控制变量模糊化

将需求功率 P_D 模糊化为 5 个子集，即 [VH,H,M,L,VL]；将锂电池电量状态 SOC 分为高、中、低 3 个模糊子集，即 [H,M,L]；将氢燃料电池的输出功率 P_{fc} 模糊化为 5 个子集，即 [VH,H,M,L,VL]。

2. 隶属度函数设计

采用梯形隶属度函数，分别设计需求功率 P_D、锂电池当前电量状态 SOC 和燃料电池输出功率 P_{fc} 在论域范围内的隶属度函数，如图 6-7~图 6-9 所示。

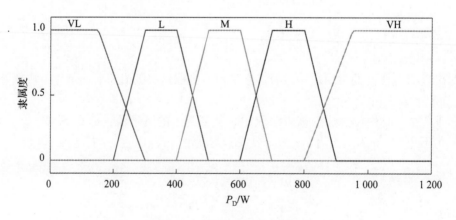

图 6-7　需求功率隶属度函数

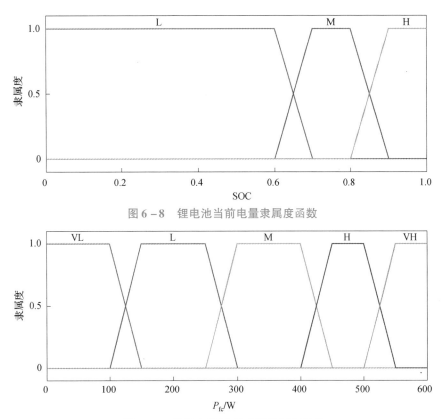

图 6 - 8　锂电池当前电量隶属度函数

图 6 - 9　燃料电池输出功率隶属度函数

3. 模糊规则设计

模糊规则是模糊推理机的核心，对于氢燃料电池/锂电池混合动力飞行器，制定其模糊控制能源管理规则的原则如下：

（1）燃料电池为主能源。考虑到其电力特性较软的特点，应尽可能使其工作状态较为平稳，避免大波幅暂态功率输出；为了节省燃料，燃料电池应尽可能工作在高效点附近。

（2）锂电池为辅助能源，主要处理高频、大波幅、暂态需求功率，考虑到其循环使用寿命，应将充放电倍率限制在合理的范围之内。

（3）为了保证锂电池有一定电量，使飞行器具备应急机动的能力，燃料电池应能为锂电池充电，且尽可能在高效点附近为锂电池充电。

（4）锂电池电量较高时，就强化锂电池的放电能力，弱化对锂电池充电，减少燃料电池的输出。燃料电池主要用于满足剩余需求功率。

（5）锂电池电量中等时，根据需求功率情况，燃料电池起主导作用，锂电池辅助配合；需求功率较小时，燃料电池可为锂电池充电。

（6）锂电池电量较低时，燃料电池所起的主导作用进一步强化，锂电池则弱化放电，强化充电。

（7）每时每刻都要满足总线需求功率 P_D 与燃料电池功率 P_{fc} 和锂电池功率 P_b 之间的功率平衡原则，即

$$P_D = P_{fc} + P_b \tag{6-14}$$

根据以上原则，所设计的模糊规则如表 6 - 2 所示。

表 6 – 2　模糊控制器模糊规则

SOC ＼ P_{fc} ＼ P_D	VH	H	M	L	VL
L	VH	VH	H	M	L
M	VH	H	M	L	L
H	H	M	L	VL	VL

确定模糊规则后，经过模糊推理和解模糊，就可以得到控制量输出的清晰值。

6.2　基于优化的混合能源管理与控制

基于优化的能源管理算法是指对被控系统建立目标函数，考虑相关约束情况，利用优化算法求解目标函数的最优解或次优解，通常是求目标函数在约束范围内的极小值。基于优化的管理策略包括全局优化策略和实时优化策略，如图 6 – 10 所示。其中，全局优化策略一般是在全局功率已知的前提下，离线求取使目标函数最小的全部控制量，主要包括动态规划、线性优化和遗传算法等。实时优化是实时在线求取当前时刻的控制变量，使目标函数极小，主要包括等效氢耗最小策略、鲁棒控制、模型预测控制等。

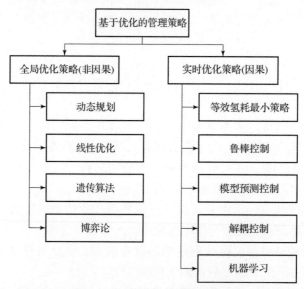

图 6 – 10　基于优化的管理策略

本节重点介绍等效氢耗最小能源管理策略和基于时域内等效氢耗最小的模型预测能源管理策略，并以氢燃料电池/锂电池混合动力系统为例，分别给出其混合能源管理与控制的具体流程。

6.2.1　等效氢耗最小能源管理策略

等效氢耗是一种将电能消耗转换为氢气量度量的方法，以便用于能源系统的经济性分析。等效氢耗最小能源管理策略的目标是使混合动力系统的等效氢耗最小。对于氢燃料电池/锂电池混合动力系统，等效氢耗最小能源管理策略就是根据负载需求功率以及锂电池的 SOC，合理分配氢燃料电池和锂电池的输出功率，使得系统等效氢耗最小，以获得最优的能源经济性能。

首先，建立氢燃料电池和锂电池的等效氢耗预测模型。

由图 6-11 可知，氢燃料电池瞬时氢耗 C_{fc} 与其输出功率 P_{fc} 呈线性关系，即

$$C_{fc} = aP_{fc} + b \tag{6-15}$$

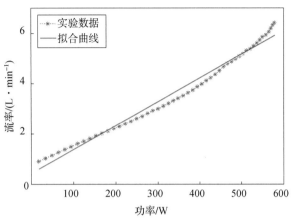

图 6-11 燃料电池流率消耗

根据等效氢耗理论，锂电池的等效氢耗 C_{bat} 可用下式计算：

$$C_{bat} = \begin{cases} \dfrac{P_{bat} C_{fc\_avg}}{\eta_{chg\_avg} \eta_{dis} P_{fc\_avg}}, & P_{bat} \geqslant 0 \\[3mm] P_{bat} \eta_{chg} \eta_{dis\_avg} \dfrac{C_{fc\_avg}}{P_{fc\_avg}}, & P_{bat} < 0 \end{cases} \tag{6-16}$$

式中，C_{fc_avg}，P_{fc_avg} ——氢燃料电池的平均氢耗和平均功率；

η_{chg_avg}，η_{dis_avg} ——锂电池的平均充电效率和平均放电效率；

η_{chg}，η_{dis} ——锂电池的充电效率和放电效率，

$$\eta_{dis} = \frac{1}{2} \left(1 + \sqrt{1 - 4R_{dis} P_{bat} / U_{ocv}^2} \right) \tag{6-17}$$

$$\eta_{chg} = \frac{2}{1 + \sqrt{1 - 4R_{chg} P_{bat} / U_{ocv}^2}} \tag{6-18}$$

式中，R_{dis} ——放电过程电池内阻；

R_{chg} ——充电过程电池内阻；

P_{bat} ——电池功率；

U_{ocv} ——电池开路电压。

以混合动力系统瞬时氢耗最小为优化目标，即

$$\min J_C = C_{fc} + mC_{bat} \tag{6-19}$$

$$\text{s. t.} \quad m = 1 - \frac{2\mu \left[\text{SOC} - 0.5 (\text{SOC}_H + \text{SOC}_L) \right]}{\text{SOC}_H - \text{SOC}_L} \tag{6-20}$$

$$\begin{cases} \text{SOC}_L \leqslant \text{SOC} \leqslant \text{SOC}_H \\ U_{bus\_min} \leqslant U_{bus} \leqslant U_{bus\_max} \\ P_{fc\_min} \leqslant P_{fc} \leqslant P_{fc\_max} \end{cases}$$

式中，m——修正系数；

U_{bus}——母线电压；

μ——SOC 的平衡系数；

SOC_H，SOC_L——SOC 的上限值、下限值。

等效氢耗最小策略参数如表 6-3 所示。

表 6-3　等效氢耗最小策略参数

参数	数值	参数	数值
SOC_L	0.4	U_{bus_min}/V	22.2
SOC_H	0.9	U_{bus_max}/V	25.2
		P_{fc_opt}/W	500

在氢燃料电池氢耗线性模型下，等效氢耗最小瞬时优化问题与外界需求功率无关，本质是考虑锂电池 SOC 平衡的充放电优化问题。

锂电池最优输出功率 P_{bat_opt} 的计算公式如下：

$$P_{bat\_opt} = \begin{cases} \dfrac{U_{bus\_min}(U_{ocv} - U_{bus\_min})}{R_{dis}}, & K_1 \leqslant R_1 \\[3mm] \dfrac{U_{ocv}^2}{4R_{dis}}\left(1 - \dfrac{K_1^2}{a^2}\right), & K_1 \in (R_1, R_2] \\[3mm] 0, & K_1 \in (R_2, R_3] \\[3mm] \dfrac{U_{ocv}^2}{4R_{chg}}\left(1 - \dfrac{(K_1 \eta_{chg\_avg} \eta_{dis\_avg})^2}{a^2}\right), & K_1 \in (R_3, R_4] \\[3mm] -\dfrac{U_{bus\_max}(U_{bus\_max} - U_{ocv})}{R_{chg}}, & K_1 > R_4 \end{cases} \tag{6-21}$$

式中，

$$\begin{cases} R_1 = ax_{min} \\[2mm] R_2 = a \\[2mm] R_3 = \dfrac{a}{\eta_{chg\_avg} \eta_{dis\_avg}} \\[3mm] R_4 = \dfrac{ax_{max}}{\eta_{chg\_avg} \eta_{dis\_avg}} \\[3mm] K_1 = mC_{fc\_avg}/(\eta_{chg\_avg} \eta_{dis\_avg}) \\[2mm] x_{min} = \sqrt{1 + 4U_{bus\_min}(U_{bus\_min} - U_{ocv})/U_{ocv}^2} \\[2mm] x_{max} = \sqrt{1 + 4U_{bus\_max}(U_{bus\_min} - U_{ocv})/U_{ocv}^2} \end{cases} \tag{6-22}$$

根据锂电池最优输出功率，可计算氢燃料电池的最优输出功率 P_{fc} 为

$$P_{fc} = \max(\min(P_d - P_{bat\_opt}, P_{fc\_max}), P_{fc\_min}) \tag{6-23}$$

式中，P_d——总线功率；

P_{fc_opt}——燃料电池的最优放电功率；

P_{fc_max}，P_{fc_min}——氢燃料电池的最大功率和最小功率。

6.2.2　基于模型预测的混合能源管理与控制

本节首先介绍模型预测控制原理；然后，以预测时域内等效氢耗最小为目标，建立氢燃料电池/锂电池混合动力系统模型预测方法，兼顾燃料电池动态特性，以氢燃料电池/锂电池混合动力系统为例，给出基于时域内等效氢耗最小的模型预测能源管理与控制流程。

6.2.2.1　模型预测控制原理

模型预测控制（model predictive control，MPC）是一种反馈控制策略，其机理是：在每一个采样时刻，根据获得的当前测量信息，在线求解一个有限时域开环优化问题，并将得到的控制序列的第一个元素作用于被控对象；在下一个采样时刻，重复上述过程，用新的测量值更新优化问题并重新求解。在线求解开环优化问题获得开环优化序列，是 MPC 与传统控制方法的主要区别。由于在线求解的优化问题中很容易包含各种等式约束和不等式约束，因此 MPC 也是处理约束问题系统控制问题的最有效方法之一。

通常，模型预测包括预测模型、滚动优化和反馈补偿等部分。在早期，有限脉冲响应模型和阶跃响应模型更受欢迎，包括动态矩阵控制和二次动态矩阵控制。有限脉冲响应模型结构对过程延迟、响应时间和增益进行了透明描述。然而，它们仅限于稳定的被控对象，通常需要较高的模型阶数。传递函数模型对过程动力学的描述更简洁，适用于稳定和不稳定的对象，但是基于传递函数模型的预测控制在处理多变量模型中通常被认为是无效的。近年来，使用状态空间设计方法的预测控制设计越来越流行，基于状态空间的模型预测控制的控制系统设计中，采用的模型是状态空间模型。状态空间模型预测未来所需的当前信息由当前状态变量表示，通过传感器测量得到。

预测控制的优化与传统意义上的最优控制的最大区别就是有限时间内的在线滚动优化。在每次采样时，优化性能指标只涉及从当前时刻开始的未来有限时域，该时域在每个采样时刻同步向前。因此，在预测控制中优化的过程是反复在线实时进行的而不是离线进行的。

在控制过程中，受实际工作过程中的各种干扰因素影响，预测模型并不能十分准确地描述被控系统的性能，导致模型预测失真，因此需要反馈并不断校正预测模型。为防止环境干扰等因素导致控制偏离，预测控制不会执行当前时域内求得的所有控制量，而只执行序列中第一个控制量；在下一时刻，将测量的实际输出与预测输出进行比较，校正预测模型，然后求解下一时刻的优化函数。

对于非线性模型预测控制来说，假设当前时刻为 k，则当前预测时域内的优化目标为

$$\min J_k = \sum_{i=k}^{k+N_p} L(x(t), u(t)) \tag{6-24}$$

$$\text{s. t.} \begin{cases} x_{\min}(t) \leqslant x(t) \leqslant x_{\max}(t) \\ u_{\min}(t) \leqslant u(t) \leqslant u_{\max}(t) \\ k \leqslant t \leqslant k+N_p \end{cases} \tag{6-25}$$

式中，J_k——预测时域内的代价函数；

　　　N_p——预测时域；

　　　$x(t)$——t 时刻的状态量；

　　　$u(t)$——t 时刻的控制量。

当前时刻的优化问题限定在预测时域 $k \sim k+N_p$ 内，对预测时域外不予考虑。

6.2.2.2 等效氢耗最小模型预测能源管理与控制策略

接下来，针对燃料电池/锂电池混合动力系统，给出基于时域内等效氢耗最小的模型预测混合能源管理策略以及流程。

1. 模型预测控制系统设计

模型预测控制系统的结构如图 6 – 12 所示，使用模型预测控制来管理混合能源系统的能量分配，以实现燃料消耗最小化、燃料电池保护和锂电池 SOC 的维护。

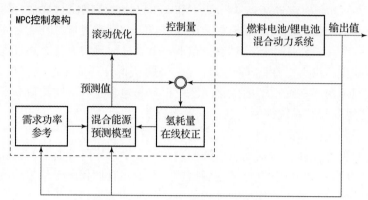

图 6 – 12　模型预测控制系统的结构

混合能源预测模型首先根据需求功率参考轨迹、当前时刻的状态量，利用混合能源预测模型求解使目标函数最小的控制序列；然后，根据滚动优化原则，选取控制序列的第一个值作为当前时刻的控制量，控制执行机构（即 DC/DC 转换器）分配燃料电池与锂电池的输出功率；最后，根据测得的需求功率更新需求功率参考值，用实际测得的燃料电池瞬时氢气消耗与预测模型预测的氢气消耗进行比较，求得燃料电池预测氢气消耗的补偿，在线校正燃料电池氢气消耗预测模型。

以当前时域内等效氢耗最小为控制目标，氢燃料电池功率和锂电池功率为控制变量，构建模型预测优化模型如下：

$$\min J_k = \sum_{i=k}^{k+N_p} \left[\omega_1 \left(C_{fc} + C_{bat} \right) + \omega_2 \left(P_d - P_r \right)^2 + \right] + \sum_{i=k}^{k+N_c} \omega_3 \Delta P_{fc}^2 \qquad (6-26)$$

$$\text{s. t.} \begin{cases} \text{SOC}_{min} \leqslant \text{SOC} \leqslant \text{SOC}_{max} \\ P_{fc\_min} \leqslant P_{fc} \leqslant P_{fc\_max} \\ \Delta P_{fc\_min} \leqslant \Delta P_{fc} \leqslant \Delta P_{fc\_max} \\ P_{bat} \geqslant P_{chg\_m} \end{cases} \qquad (6-27)$$

式中，P_d——需求功率；

P_r——参考功率；

ΔP_{fc}——燃料电池功率的变化量；

$\Delta P_{fc\_max}, \Delta P_{fc\_min}$——燃料电池变化量的最大值与最小值；

P_{chg_m}——锂电池的最大充电功率；

$\omega_i (i = 1,2,3)$——各项的权重系数；

N_p——预测时域的大小；

N_c——控制时域的大小。

由于燃料电池功率特性较软，燃料电池功率突变量较大会对燃料电池造成伤害，因此，对燃料电池功率变化量进行约束。

2. 预测模型建立

需求功率是能源管理装置的一个重要参数，影响能源优化，因此，需求功率 $P_\text{d\_ref}$ 被用作模型预测控制器的参考参数。本节以氢燃料电池/锂电池混合能源无人机为例，其中氢燃料电池为 EOS600、锂电池为 5 300 mAh 的 6S 电池。

新能源飞行器在飞行中多以巡航平飞和定速爬升为主，平飞和定速爬升时功率较为稳定，所以预测功率为当前时刻的需求功率，即

$$P_\text{d\_ref} = P_\text{d\_mes} \tag{6 - 28}$$

式中，$P_\text{d\_mes}$——当前时刻需求功率的测量值。

图 6 – 13 所示为锂电池的 SOC 与开路电压的关系。开路电压 U_ocv 与为 SOC 的函数可记为

$$U_\text{ocv} = a_0 \text{SOC}^2 + a_1 \text{SOC} + a_2 \tag{6 - 29}$$

式中，$a_i(i = 0,1,2)$ 由实验曲线根据最小二乘法拟合得到。

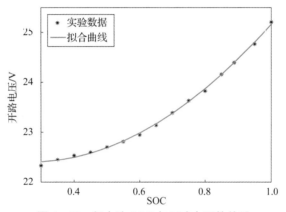

图 6 – 13　锂电池 SOC 与开路电压的关系

模型预测策略的参数如表 6 – 4 所示。

表 6 – 4　模型预测策略的参数

参数	数值	参数	数值
ω_1	60	$P_\text{fc\_min}/\text{W}$	100
ω_2	5	$P_\text{fc\_max}/\text{W}$	550
ω_3	0.5	$\Delta P_\text{fc\_min}/\text{W}$	– 150
参考电量 SOC_r	0.85	$\Delta P_\text{fc\_max}/\text{W}$	150
SOC_min	0.4	$P_\text{chg\_m}/\text{W}$	200
SOC_max	1		

3. 目标函数求解

选择二次规划方法对模型预测控制优化目标函数求解，因此需要构建方程如下：

$$f(\boldsymbol{x}) = \frac{1}{2}\boldsymbol{x}^\text{T}\boldsymbol{Q}\boldsymbol{x} + \boldsymbol{C}^\text{T}\boldsymbol{x} \tag{6 - 30}$$

$$\text{s. t.} \quad \boldsymbol{Ax} \leqslant \boldsymbol{b} \tag{6-31}$$

式中，$\boldsymbol{x}$——n 维向量，n 为状态变量个数；

$\quad\quad\boldsymbol{Q}$——$n \times n$ 矩阵；

$\quad\quad\boldsymbol{C}$——n 维向量；

$\quad\quad\boldsymbol{A}$——$m \times n$ 矩阵；

$\quad\quad\boldsymbol{b}$——m 维向量；

$\quad\quad m$——约束个数。

为构建式（6-30），首先将锂电池等效氢耗预测模型线性化。锂电池等效氢耗与锂电池功率、SOC 的关系如图 6-14 所示。

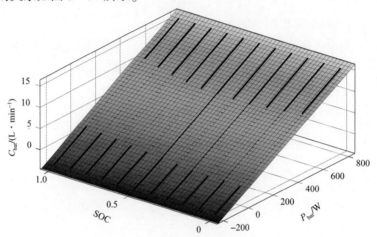

图 6-14　锂电池等效氢耗拟合曲面

通过线性拟合得到锂电池等效氢耗线性模型为

$$C_{\text{bat}} = p_s \text{SOC} + p_P P_{\text{bat}} + p_c \tag{6-32}$$

然后，选择燃料电池功率和锂电池功率变化量作为控制变量，氢耗量、SOC、需求功率、燃料电池和锂电池功率为状态变量，即

$$\boldsymbol{u} = \begin{bmatrix} \Delta P_{\text{fc}} \\ \Delta P_{\text{bat}} \end{bmatrix} \tag{6-33}$$

$$\boldsymbol{x} = \begin{bmatrix} C \\ \text{SOC} \\ P_{\text{d}} \\ P_{\text{fc}} \\ P_{\text{bat}} \end{bmatrix} \tag{6-34}$$

混合动力预测模型状态空间模型的形式为

$$\begin{bmatrix} C(k+1) \\ \text{SOC}(k+1) \\ P_{\text{d}}(k+1) \\ P_{\text{fc}}(k+1) \\ P_{\text{bat}}(k+1) \end{bmatrix} = \begin{bmatrix} 0 & p_s & 0 & a & p_P \\ 0 & 1 & 0 & 0 & -h \\ 0 & 0 & 0 & 1 & 1 \\ 0 & 0 & 0 & 1 & 0 \\ 0 & 0 & 0 & 0 & 1 \end{bmatrix} \begin{bmatrix} C(k) \\ \text{SOC}(k) \\ P_{\text{d}}(k) \\ P_{\text{fc}}(k) \\ P_{\text{bat}}(k) \end{bmatrix} + \begin{bmatrix} a & p_P \\ 0 & -h \\ 1 & 1 \\ 1 & 0 \\ 0 & 1 \end{bmatrix} \begin{bmatrix} \Delta P_{\text{fc}} \\ \Delta P_{\text{bat}} \end{bmatrix} + \begin{bmatrix} b + p_c \\ 0 \\ 0 \\ 0 \\ 0 \end{bmatrix}$$

$$\tag{6-35}$$

$$C(k) = \begin{bmatrix} 1 & 0 & 0 & 0 & 0 \end{bmatrix} \begin{bmatrix} C(k) \\ \mathrm{SOC}(k) \\ P_\mathrm{d}(k) \\ P_\mathrm{fc}(k) \\ P_\mathrm{bat}(k) \end{bmatrix} \tag{6-36}$$

$$P_\mathrm{d}(k) = \begin{bmatrix} 0 & 0 & 1 & 0 & 0 \end{bmatrix} \begin{bmatrix} C(k) \\ \mathrm{SOC}(k) \\ P_\mathrm{d}(k) \\ P_\mathrm{fc}(k) \\ P_\mathrm{bat}(k) \end{bmatrix} \tag{6-37}$$

式中，$h = \dfrac{\Delta t}{U_\mathrm{bat} Q_\mathrm{bat}}$，$\Delta t$ 是采样步长，U_bat 和 Q_bat 是锂电池的电压和容量。

因为最后一项为常数，即不影响极值位置，故舍去，即

$$x(k+1) = A_m x(k) + B_m u(k) \tag{6-38}$$

$$C(k) = E_\mathrm{c} x(k) \tag{6-39}$$

$$P_\mathrm{d}(k) = E_\mathrm{p} x(k) \tag{6-40}$$

在预测时域 N_p 内，状态变量的预测序列记为

$$\boldsymbol{X} = \begin{bmatrix} x(k+1) & x(k+2) & \cdots & x(k+N_\mathrm{p}) \end{bmatrix}^\mathrm{T} \tag{6-41}$$

在控制时域 N_c 内，控制变量的控制序列为

$$\boldsymbol{U} = \begin{bmatrix} u(k) & u(k+1) & \cdots & u(k+N_\mathrm{c}-1) \end{bmatrix}^\mathrm{T} \tag{6-42}$$

$$\begin{cases} x(k+1) = A_m x(k) + B_m u(k) \\ x(k+2) = A_m^2 x(k) + A_m B_m u(k) + B_m u(k+1) \\ \vdots \\ x(k+N_\mathrm{p}) = A_m^{N_\mathrm{p}} x(k) + A_m^{N_\mathrm{p}-1} B_m u(k) + \cdots + A_m^{N_\mathrm{p}-N_\mathrm{c}} B_m u(k+N_\mathrm{c}-1) \end{cases} \tag{6-43}$$

记为

$$\boldsymbol{X} = \boldsymbol{A} x(k) + \boldsymbol{B} \boldsymbol{U} \tag{6-44}$$

假设：

$$\boldsymbol{E}_\mathrm{fc} = \begin{bmatrix} 1 & 0 \end{bmatrix} \tag{6-45}$$

$$\boldsymbol{I}_\mathrm{c} = \begin{bmatrix} E_\mathrm{c} & E_\mathrm{c} & \cdots & E_\mathrm{c} \end{bmatrix}_{1 \times N_\mathrm{p}} \tag{6-46}$$

$$\boldsymbol{I}_\mathrm{p} = \begin{bmatrix} E_\mathrm{p} & E_\mathrm{p} & \cdots & E_\mathrm{p} \end{bmatrix}_{1 \times N_\mathrm{p}} \tag{6-47}$$

$$\boldsymbol{I}_\mathrm{fc} = \begin{bmatrix} E_\mathrm{fc} & E_\mathrm{fc} & \cdots & E_\mathrm{fc} \end{bmatrix}_{1 \times N_\mathrm{c}} \tag{6-48}$$

则优化目标函数为

$$\begin{aligned} \min J &= \omega_1 \boldsymbol{I}_\mathrm{c} \boldsymbol{X} + \omega_2 (\boldsymbol{I}_\mathrm{p} \boldsymbol{P}_\mathrm{d\_mes} - \boldsymbol{X})^\mathrm{T} (\boldsymbol{I}_\mathrm{p} \boldsymbol{P}_\mathrm{d\_mes} - \boldsymbol{X}) + \omega_3 \boldsymbol{I}_\mathrm{fc} \boldsymbol{U} \\ &= \boldsymbol{U}^\mathrm{T} (\omega_2 \boldsymbol{B}^\mathrm{T} \boldsymbol{B} + \omega_3 \boldsymbol{I}_\mathrm{fc}^\mathrm{T} \boldsymbol{I}_\mathrm{fc}) \boldsymbol{U} + (\omega_1 \boldsymbol{I}_\mathrm{c} \boldsymbol{B} + 2\omega_2 \boldsymbol{x}^\mathrm{T} \boldsymbol{A}^\mathrm{T} \boldsymbol{B} - 2\omega_2 \boldsymbol{P}_\mathrm{d\_mes}^\mathrm{T} \boldsymbol{I}_\mathrm{p} \boldsymbol{B}) \boldsymbol{U} + \mathrm{const} \end{aligned} \tag{6-49}$$

$$\mathrm{const} = \omega_1 \boldsymbol{I}_\mathrm{c} \boldsymbol{A} \boldsymbol{x} + \omega_2 \boldsymbol{P}_\mathrm{d\_mes}^\mathrm{T} \boldsymbol{I}_\mathrm{p}^\mathrm{T} \boldsymbol{I}_\mathrm{p} \boldsymbol{P}_\mathrm{d\_mes} - 2\omega_2 \boldsymbol{P}_\mathrm{d\_mes}^\mathrm{T} \boldsymbol{I}_\mathrm{p}^\mathrm{T} \boldsymbol{A} \boldsymbol{x} + \omega_2 \boldsymbol{x}^\mathrm{T} \boldsymbol{A}^\mathrm{T} \boldsymbol{A} \boldsymbol{x} \tag{6-50}$$

燃料电池变化量的约束为 $[-150, 150]$，设

$$\boldsymbol{E}_{\Delta P} = \begin{bmatrix} 1 & 0 \\ 0 & 0 \end{bmatrix} \tag{6-51}$$

$$\boldsymbol{I}_{\Delta P} = \begin{bmatrix} \boldsymbol{E}_{\Delta P} & 0 & 0 \\ 0 & \ddots & 0 \\ 0 & 0 & \boldsymbol{E}_{\Delta P} \end{bmatrix}_{N_c \times N_c} \tag{6-52}$$

则控制量的序列约束为

$$\boldsymbol{U}_{\min} \leqslant \boldsymbol{I}_{\Delta P} \boldsymbol{U} \leqslant \boldsymbol{U}_{\max} \tag{6-53}$$

式中，$\boldsymbol{U}_{\min}$，$\boldsymbol{U}_{\max}$——控制量的最小约束序列和最大约束序列。

锂电池 SOC 的约束为 $[0.4,1]$，燃料电池的功率约束为 $[100,550]$，锂电池的功率约束为 $[-200,2\,000]$，则状态量的约束序列为

$$\boldsymbol{X}_{\min} \leqslant \boldsymbol{A}\boldsymbol{x}(k) + \boldsymbol{B}\boldsymbol{U} \leqslant \boldsymbol{X}_{\max} \tag{6-54}$$

式中，$\boldsymbol{X}_{\min}$，$\boldsymbol{X}_{\max}$——状态量的最小约束序列和最大约束序列。

6.3　混合能源管理与控制实验

6.3.1　太阳能电池/锂电池混合能源被动控制实验

1. 实验目的

（1）了解常用的太阳能电池/锂电池混合拓扑结构方案，学习太阳能电池/锂电池混合能源被动拓扑结构的组成和电压匹配方法。

（2）学习混合系统的实验测试方法，深刻理解能源混合的意义，以及 MPPT 控制器和锂电池在太阳能混合电源系统中所起的作用。

2. 实验内容

太阳能电池/锂电池混合能源被动控制。

3. 实验设备及软件

本实验所需的主要设备包括光伏阵列模拟器、锂电池、MPPT 控制器、电子负载、混合能源管理模块、电流电压传感器、上位机、电子负载上位机软件和串口通信软件，如表 6-5 所示。

表 6-5　本实验所选用的设备及软件

序号	类别（设备/软件）	设备及软件名称	型号/规格
1	实验设备	光伏阵列模拟器	AV1763 光伏阵列模拟器
2	实验设备	锂电池	格氏 5 300 mAh 6S 锂电池
3	实验设备	MPPT 控制器	NE - MPPT V1.0 控制器
4	实验设备	电子负载	ZY8715 电子负载
5	实验设备	混合能源管理模块	STM32F767 阿波罗开发板
6	实验设备	电流电压传感器	NE - CVS V1.0 电流电压传感器

序号	类别（设备/软件）	设备及软件名称	型号/规格
7	实验设备	上位机	PC
8	软件	电子负载上位机软件	Load Monitor
9	软件	串口通信软件	XCOM 2.0 串口助手

4. 实验过程

1）设备连接

根据图 6 – 15 所示的实验系统架构，在不接入锂电池的情况下，连接其他设备。将 MPPT 控制器的 CAN 通信接口连接至 STM32 数据采集系统的 CAN 接口，将电流电压采集模块的信号线按标识连接到 STM32 数据采集系统的相应接口。

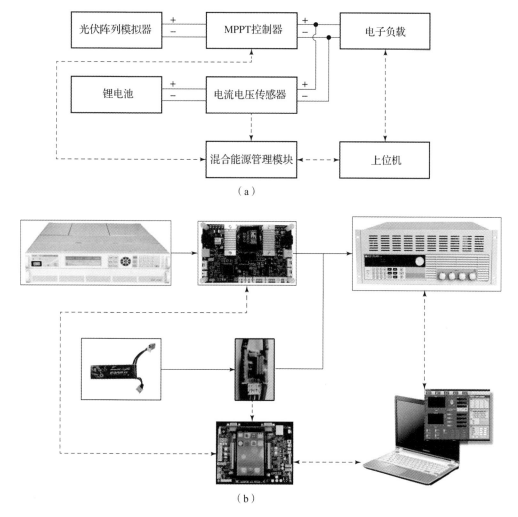

（a）

（b）

图 6 – 15　太阳能电池/锂电池混合能源实验系统架构

（a）实验系统原理框图；（b）实物连接示意图

2）设置太阳能电池模拟器

首先，设置输出模式为 SAS。按【菜单】键→选择"Output"→"Mode"→"SAS"，如图 6-16 所示。

图 6-16　设置太阳能电池模拟模式

然后，返回"Output"界面，设置太阳能电池基本性能参数：依次选择"SAS"→"Curve"，输入如下参数取值，并按【确认】键，结果如图 6-17 所示。完成后，返回主界面即可。

- 最大功率点电压（Vmp）= 36 V
- 开路电压（Voc）= 44.78 V
- 最大功率点电流（Imp）= 5.85 A
- 短路电流（Isc）= 5.85 A

图 6-17　设置太阳能电池基本性能参数

3）设置电子负载功率剖面

打开电子负载上位机软件 Load Monitor，在"配置"界面中设置通信波特率为 115 200，并选择对应的串口号，其他参数默认即可。然后，选择"CW Mode"（功率模式），在右侧"程序"选项卡中以 50 W 步长设计功率序列（0 W→300 W→0 W），每步持续时间为 10 s，将"工作模式"选择"连续"，如图 6-18 所示。

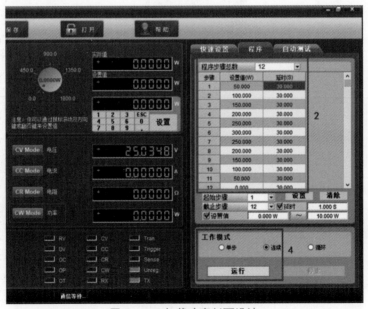

图 6-18　加载功率剖面设计

4）启动电子负载

从软件界面切换到"面板控制"，在电子负载面板按【P－set】键，输入"0"后，按【Enter】键，然后按【On/Off】键，启动电子负载，此时电子负载状态如图6－19所示。然后，在上位机软件主界面中，将控制切换到"PC 控制"状态，此时电子负载软硬件准备完毕。

图6－19　电子负载准备完毕的状态

5）STM32 数据采集通信调试

在上位机 PC 中打开串口助手软件，选择相应的串口号，如"COM8：USB－SERIAL CH340"，停止位为1，数据位为8，无奇偶校验。将锂电池连接至 CAN 线，然后为 STM32 开发板上电，并按【Reset】键，观察 LCD 显示屏上锂电池电压是否显示正常。若不正常，则检查 ADC 通信连线是否正确，若正常则进行下一步操作。

按下【Reset】键保持不动，在串口助手软件中单击"打开串口"按钮，如图6－20所示。然后，松开【Reset】键，观察串口助手数据栏内是否接收到数据，若有数据接收，如图6－21所示，则通信正常。

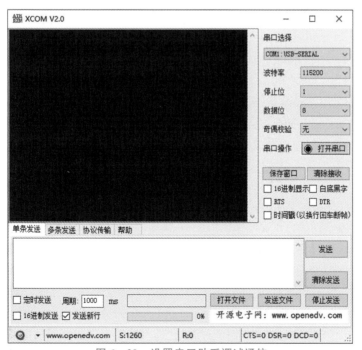

图6－20　设置串口助手调试通信

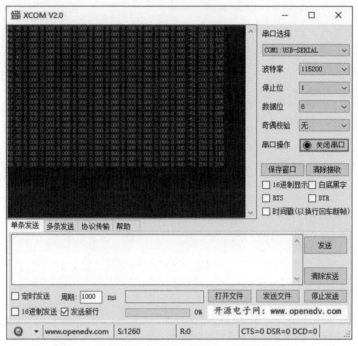

图 6 – 21　观察串口助手数据栏内是否接收到数据

6）启动光伏阵列模拟器检测数据通信

在光伏阵列模拟器操作面板上按【开/关】键，启动光伏阵列模拟器。此时，从 STM32 控制板的 LCD 显示屏上观察光伏阵列模拟器的输出电压和电流，以及 MPPT 控制器的输出电压和电流，分别与模拟器面板的数值和电子负载面板显示屏的数值进行对比，若基本相同，则 STM32 读取 MPPT 信息正常；否则，STM32 与 MPPT 数据通信失败，需检查 CAN 线连接，以及 MPPT 控制器的工作状态，直至调试成功。

7）启动测试

按下 STM32 开发板的【Reset】键，清除上位机串口助手数据栏的所有数据，然后松开【Reset】键，STM32 正式开始记录电力系统信息数据，同时单击电子负载上位机软件"工作模式"栏下方的"运行"按钮，启动加载功率剖面，通过电子负载面板显示屏观察功率加载是否正常。若正常，则等待测试结束；若未加载成功，则停止程序加载，待调试电子负载通信正常后，重新运行功率剖面序列。

8）结束实验

首先，在光伏阵列模拟器操作面板上按【开/关】键，停止光伏阵列模拟器输出，并关闭光伏阵列模拟器电源；然后，断开锂电池与 CAN 线的连接，从电子负载上位机软件中切换至"面板控制"，按【On/Off】键停止电子负载的运行，并关闭电子负载的电源；最后，保存串口助手数据栏中的数据，并关闭 STM32 开发板电源。

5. 讨论与思考

（1）在什么情况下，可以让 MPPT 控制器始终工作在最大功率点？

（2）如何确保锂电池的充电过程始终在允许的充电倍率之内且不会过充？

6.3.2　氢燃料电池/锂电池混合能源被动控制实验

1. 实验目的

（1）了解常用的燃料电池/锂电池混合拓扑结构方案，学习燃料电池/锂电池混合能源被动拓扑结构的组成和电压匹配方法。

（2）学习混合系统的实验测试方法，深刻理解能源混合的意义，以及被动电压匹配下的燃料电池和锂电池的功率分配情况。

2. 实验内容

氢燃料电池/锂电池混合能源被动控制。

3. 实验设备及软件

本实验所需的主要设备包括安全供氢系统、氢燃料电池、锂电池、电子负载、DC/DC转换器、电流电压传感器、混合能源管理模块、上位机、电子负载上位机软件及串口通信软件，如表 6 - 6 所示。

表 6 - 6　本实验所选用的设备及软件

序号	类别（设备/软件）	设备及软件名称	型号/规格
1	实验设备	安全供氢系统	由防爆安全柜、40 L 标准储氢钢瓶、两级减压调节阀（各配气压表）、供氢软管组成
2	实验设备	氢燃料电池	EOS100 燃料电池
3	实验设备	锂电池	格氏 5 300 mAh 6S 锂电池
4	实验设备	电子负载	ZY8715 电子负载
5	实验设备	DC/DC 转换器	NE - DC/DC V1.0 转换器
6	实验设备	电流电压传感器	NE - CVS V1 电流电压传感器
7	实验设备	混合能源管理模块	STM32F767 阿波罗开发板
8	实验设备	上位机	PC
9	软件	电子负载上位机软件	Load Monitor
10	软件	串口通信软件	XCOM 2.0 串口助手

4. 实验过程

1）设备连接

根据图 6 - 22 所示的燃/锂混合实验系统架构，保持锂电池断开，除氢气供应外，将其他设备连接，连接完成后打开电子负载，等待设备启动完毕。

2）设置电子负载功率剖面

打开上位机中的电子负载监控软件 Load Monitor，在"配置"界面中设置通信波特率为115 200，并选择对应的串口号，如"COM3：USB - SEARIAL"，其他参数默认。在软件界面选择"CW Mode"（功率模式），并在右侧"程序"选项卡中以步长 40 W 设计功率序列

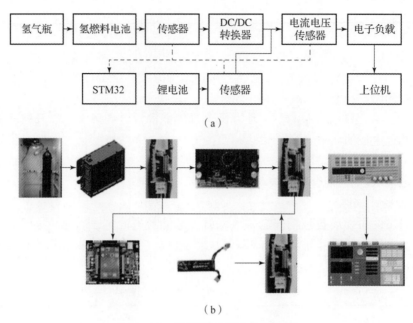

（a）

（b）

图 6-22 燃/锂混合实验系统架构

（a）燃/锂混合实验系统原理框图；（b）燃/锂混合实验系统实物连接示意图

（0 W→200 W→0 W），每步持续时间为 20 s，将"工作模式"选择"连续"，设置完成后，如图 6-23 所示。

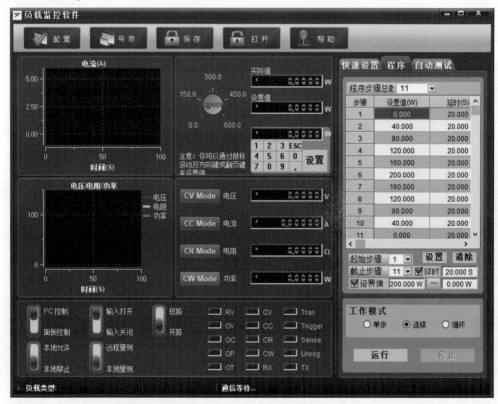

图 6-23 加载功率剖面设计

3）启动电子负载

从软件界面切换回"面板控制"，在电子负载面板按【P－set】键，输入"0"后，按【Enter】键，然后按【On/Off】键，启动电子负载；然后，在上位机软件主界面中，将控制切换到"PC 控制"状态，此时电子负载软硬件准备完毕。

4）准备 STM32 开发板

为开发板上电，并初始化 LCD 显示，打开上位机的串口助手软件，并选择相应的串口号，停止位为 1，数据位为 8，无奇偶校验；然后打开串口，确认数据窗口有数据连续接收即可。

5）接入锂电池，并确认电压和电流采集正常

锂电池接入电路后，观察 LCD 和上位机串口助手数据栏窗口，确认锂电池电压是否显示正常；通过上位机软件小功率（如 10 W）加载，确认 LCD 和串口助手所显示的电流与电子负载显示的电流一致，从而确认电流采集正常。然后，再次将负载功率调节至 0 W。

6）启动氢燃料电池，并确认电压反馈正常

堵住氢气软管出口，打开高压氢气瓶的阀门，并调节减压阀，将输出压力调节至燃料电池进气口允许压力范围，手动排气测试出口压力基本稳定后，将软管插入氢燃料电池进氢口，从而启动燃料电池。然后，观察显示屏和串口助手，确认氢燃料电池电压显示正常。

7）启动测试工况

单击电子负载上位机软件"工作模式"栏下方的"运行"按钮，启动加载功率剖面，通过电子负载面板显示屏观察功率加载是否正常。若正常，则等待测试结束；若没有加载成功，则停止程序加载，检查并确认通信正常、已经切换至"PC 控制"状态，并且负载处于"On"状态，然后重新运行功率剖面序列。一旦运行开始，则剖面运行结束后，会自动停止加载。

8）结束实验

单击串口助手界面的"保存窗口"按钮，将数据保存；断开锂电池，再将电子负载切换至"面板控制"，并按【On/Off】键停止电子负载运行，关闭电子负载电源；关闭 STM32 电源；关闭氢气瓶阀门，断开氢燃料电池的进氢软管，并将剩余氢气排入氢气柜或室外。

5. 讨论与思考

（1）氢燃料电池/锂电池混合能源管理需要考虑什么目标？

（2）思考锂电池在混合电源系统中所起的作用。

6.3.3　太阳能电池/氢燃料电池混合能源被动控制实验

1. 实验目的

（1）了解太阳能电池/氢燃料电池混合能源被动拓扑结构，以及太阳能电池、氢燃料电池和锂电池的混合管理与控制方法。

（2）学习太阳能电池/氢燃料电池混合系统的实验测试方法，掌握匹配太阳能电池、氢燃料电池和锂电池的混合技术，并探索复杂能源系统高效功率分配的方法。

2. 实验内容

太阳能电池/氢燃料电池混合管理与控制实验。

3. 实验设备及软件

本实验所需的主要设备包括光伏阵列模拟器、安全供氢系统、氢燃料电池、锂电池、MPPT 控制器、DC/DC 转换器、电子负载、电流电压传感器、混合能源管理模块、上位机、电子负载上位机软件及串口通信软件，如表 6 – 7 所示。

表 6 – 7　本实验所选用设备及软件

序号	类别（设备/软件）	设备及软件名称	型号/规格
1	实验设备	光伏阵列模拟器	AV1763 光伏阵列模拟器
2	实验设备	安全供氢系统	由防爆安全柜、40 L 标准储氢钢瓶、两级减压调节阀（各配气压表）、供氢软管组成
3	实验设备	氢燃料电池	EOS200 燃料电池
4	实验设备	锂电池	格氏 5 300 mAh 6S 锂电池
5	实验设备	MPPT 控制器	NE – MPPT V1.0 控制器
6	实验设备	DC/DC 转换器	NE – DC/DC V1.0 转换器
7	实验设备	电子负载	ZY8715 电子负载
8	实验设备	电流电压传感器	NE – CVS V1 电流电压传感器
9	实验设备	混合能源管理模块	STM32F767 阿波罗开发板
10	实验设备	上位机	PC
11	软件	电子负载上位机软件	Load Monitor
12	软件	串口通信软件	XCOM 2.0 串口助手

4. 实验过程

1）设备连接

根据图 6 – 24 所示的实验系统架构，保持锂电池断开、暂缓氢气供应，将其他设备线路连接完成后，打开太阳能电池模拟器、电子负载、STM32 开发板（即 STM32 数据采集器）、上位机，等待设备启动完毕。

2）设置太阳能电池模拟器

首先，设置输出模式为 SAS：按【菜单】键→选择 "Output" → "Mode" → "SAS"。然后，返回 "Output" 界面，设置太阳能电池基本性能参数，依次选择 "SAS" → "Curve"，输入参数取值如下：

- 最大功率点电压（Vmp）= 36 V
- 开路电压（Voc）= 44.78 V
- 最大功率点电流（Imp）= 5.58 A
- 短路电流（Isc）= 5.85 A

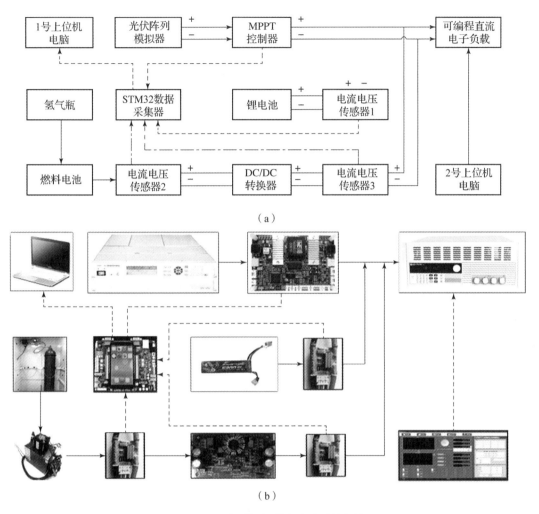

图 6 – 24 太/燃/锂混合实验系统架构

(a) 系统原理框图; (b) 实物连接示意图

参数输入完毕后,移动光标至"Set Curve",并按【确认】键,返回主界面,若结果如图 6 – 25 所示,则设置成功,否则重新设置。

图 6 – 25 设置成功后的主界面状态

3) 电子负载功率剖面设计

打开 2 号上位机的电子负载监控软件 Load Monitor,在"配置"界面设置通信波特率为115 200,并选择对应的串口号,其他参数默认。在软件主界面选择"CW Mode"(功率模式);在右侧"程序"选项卡中以 50 W 步长设计功率序列(0 W→400 W→0 W),每步持续时间为 20 s,如图 6 – 26 所示;将"工作模式"选择"连续"。最后,将电子负载调至准备状态，从软件界面切换回"面板控制"，从电子负载面板按【P－set】键，输入"0"，按【Enter】键，然后按【On/Off】键，启动电子负载，此时电子负载处于准备状态，然后在上位机主界面中再次将控制模式切换到"PC 控制"状态。

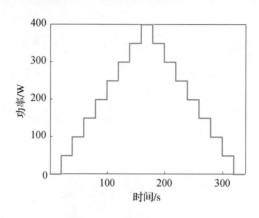

图 6－26　功率剖面曲线

4）STM32 数据采集器通信调试

在 1 号上位机中打开 XCOM 2.0 串口助手软件，选择相应的串口号，设置停止位为 1，数据位为 8，无奇偶校验。然后，打开串口，确认数据窗口有数据连续接收。

5）接入锂电池并确认电压和电流采集正常

锂电池接入电路后，观察显示屏和上位机串口助手数据栏窗口，确认锂电池电压是否显示正常；通过上位机软件小功率（如 10 W）加载，确认显示屏和串口助手所显示的电流与电子负载显示的电流一致，从而确认电流采集正常；然后，再次将负载功率调节至 0 W。

6）启动燃料电池并确认电压反馈正常

堵住氢气软管出口，打开高压氢气瓶的阀门，并调节减压阀，将输出压力调节至燃料电池进气口的允许压力范围，手动排气测试出口压力基本稳定后，将软管插入氢燃料电池进氢口，从而启动氢燃料电池。然后，观察显示屏和串口助手，确认氢燃料电池电压正常。

7）启动测试工况

在光伏阵列模拟器操作面板上按【开/关】键，启动光伏阵列模拟器。然后，单击电子负载上位机软件"工作模式"栏下方的"运行"按钮，启动加载功率剖面。通过电子负载面板显示屏观察功率加载是否正常。若正常，则等待测试结束即可；若未加载成功，则停止程序加载，检查并确认通信正常、已经切换至"PC 控制"、负载处于"On"状态，然后重新运行功率剖面序列。一旦运行开始，则剖面运行结束后，会自动停止加载。

8）结束实验

首先，单击串口助手界面的"保存窗口"按钮，将数据保存；然后，先断开锂电池，再断开 MPPT 控制器与光伏阵列模拟器的连接，将电子负载切换至"面板控制"并按【On/Off】键，停止电子负载运行后，关闭电子负载电源，进而关闭 STM32 电源。最后，关闭氢气瓶阀门，断开氢燃料电池的进氢软管，并将剩余氢气排入氢气柜或室外。

5. 讨论与思考

（1）针对这三种电源混合的系统，如何兼顾功能性、高效性、健康性和可靠性？

（2）实验过程中突然断开太阳能电池、锂电池、氢燃料电池后，系统可能出现什么问题？

（3）将太阳能/氢能混合系统应用于飞行器的动力系统会带来的什么新问题？

6.3.4　氢燃料电池/锂电池混合能源主动控制实验

1. 实验目的

（1）了解氢燃料电池/锂电池混合能源主动拓扑结构，学习氢燃料电池输出功率主动控制的方法，熟悉可编程 DC/DC 转换器的控制方式。

（2）熟悉模糊控制主动能源管理策略的实验测试方法，学习模糊控制策略在嵌入式控制器的部署方法，理解主动能源管理策略的优势。

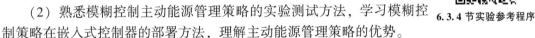

6.3.4 节实验参考程序

2. 实验内容

氢燃料电池/锂电池混合能源主动控制。

3. 实验设备及软件

本实验所需的主要设备包括安全供氢系统、氢燃料电池、锂电池、电子负载、DC/DC 转换器、电流电压传感器、混合能源管理模块、上位机、嵌入式集成开发环境及串口通信软件，如表 6 – 8 所示。

表 6 – 8　本实验所选用的设备及软件

序号	类别（设备/软件）	设备及软件名称	型号/规格
1	实验设备	安全供氢系统	由防爆安全柜、40 L 标准储氢钢瓶、两级减压调节阀（各配气压表）、供氢软管组成
2	实验设备	氢燃料电池	EOS100 燃料电池
3	实验设备	锂电池	格氏 5 300 mAh 6S 锂电池
4	实验设备	电子负载	ZY8715 电子负载
5	实验设备	DC/DC 转换器	NE – DC/DC V1.0 转换器
6	实验设备	电流电压传感器	NE – CVS V1 电流电压传感器
7	实验设备	混合能源管理模块	STM32F767 阿波罗开发板
8	实验设备	上位机	PC
9	软件	嵌入式集成开发环境	Keil MDK uVision5. 23
10	软件	串口通信软件	XCOM 2. 0 串口助手

4. 实验过程

1）设备连接

根据图 6 – 27 所示的实验系统架构，保持锂电池断开和氢气瓶关闭，将其他设备连接。连接完成后，打开上位机和 STM32F747 开发板，等待设备启动完毕。

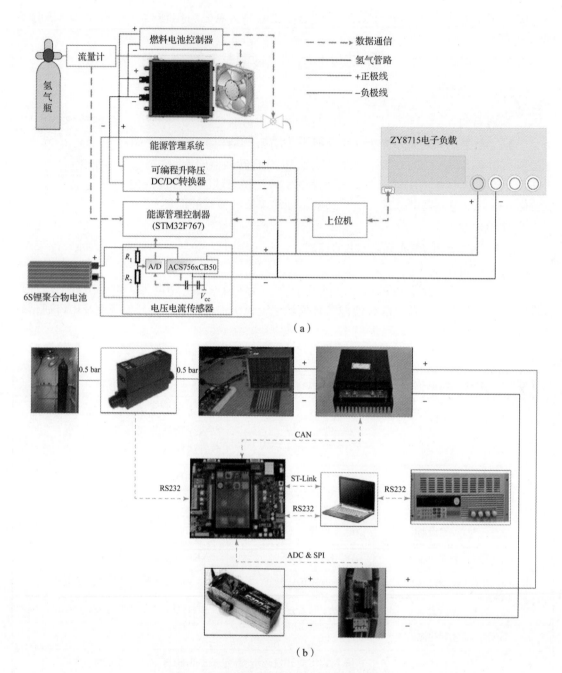

图 6 – 27 燃/锂混合能源主动控制实验系统

(a) 系统原理框图；(b) 实物连接图

2) 模糊控制能源管理策略准备

本部分的主要目的是将 6.1.2 节中的模糊控制算法从 MATLAB/Simulink 移植到嵌入式开发板 STM32F767 中。主要包括以下步骤：

（1）构建模糊推理文件。在 MATLAB 命令窗口输入"fuzzy"，按【Enter】键后打开模糊控制设计器，然后参照 6.1.2 节的模糊变量的隶属度函数和模糊规则库，设计模糊控制器，如图 6 - 28 所示。然后，依次单击"File"→"Export"→"To File"，命名并导出模糊推理文件，如 intHE2_1200W. fis。

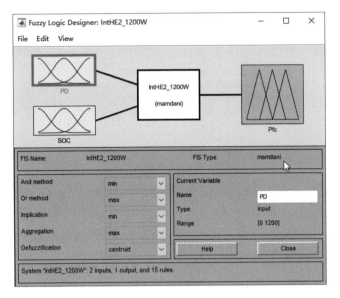

图 6 - 28　模糊控制器设计

（2）建构模糊矩阵输入文件。将 intHE2_1200W. fis 文件拖到 MATLAB 的 m 文件编辑器窗口中，即可将文件解析后展示，如图 6 - 29 所示。文件内容包含模糊推理的系统信息，输入输出变量的成员函数信息，以及模糊规则信息等。然后，新建一个 . txt 文件，将 . fis 文件中的内容复制到该 . txt 文件中并保存，并命名为 fisMatrixFile. txt，以作为算法移植前处理的输入文件。

图 6 - 29　模糊推理文件解析

（3）构建嵌入式模糊程序的规则库信息。在 Windows 操作系统的 C 语言程序开发环境（如 Microsoft Visual C ++ 6.0 环境），利用本节提供的 Generate 工具包，运行 generater 文件中的 main 函数，即可生成 fisMatrixToSTM32. txt 文件，文件内容为二维模糊规则矩阵，部分内容如图 6 - 30 所示。

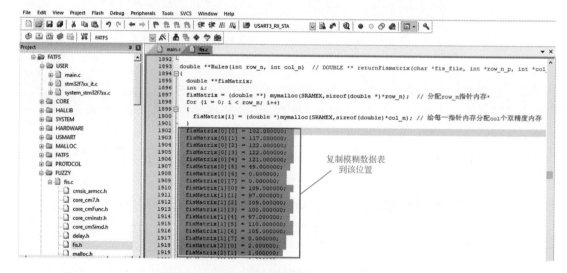

图 6 - 30　生成模糊数据表

（4）将生成的模糊数据矩阵复制到 MDK 开发环境中的 fis. c 文件的 Rules(int row_n, int col_n) 函数对应的位置，如图 6 - 31 所示。编译成功后，下载到 STM32 F747 控制器中即可。

图 6 - 31　复制模糊矩阵到嵌入式程序对应位置

（5）电子负载功率剖面设计。打开上位机中的电子负载监控软件 Load Monitor，在"配置"界面中设置通信波特率为 115 200，并选择对应的串口号，如"COM3：USB - SEARIAL"，其他参数默认即可。在软件主界面选择"CW Mode"（功率模式），并在右侧"程序"选项卡中将"工作模式"选择"连续"，然后即可参照以下两个功率剖面示例设计载荷。

①阶梯型功率剖面：功率先逐级增大再逐级下降，每级需求功率所占被测对象额定功率的百分比为 0%→10%→30%→60%→90%→60%→30%→10%→0%，且每级持续 5 s，如图 6 - 32 （a） 所示。

②脉冲型功率剖面：主要测试氢燃料电池的大功率启动特性，以及对载荷极端跳变时的适应能力，可作为判断能源管理策略合理性的依据。其中，电子负载依然采用定功率模式，加载功率序列占氢燃料电池额定功率的百分比为 0%→50%→0%→60%→0%→30%→0%→20%→0%→10%→0%，每步持续时间为 5 s，如图 6 - 32 （b） 所示。

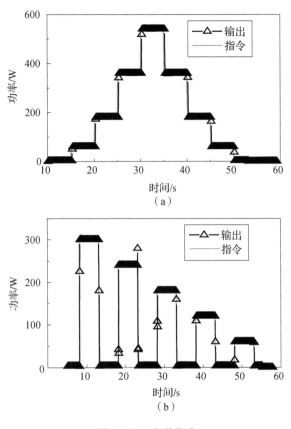

图 6 – 32 负载指令
(a) 阶梯型功率剖面；(b) 脉冲型功率剖面

3）启动电子负载并测试功率剖面加载程序

从软件界面切换回"面板控制"，在电子负载面板按【P – set】键，输入"0"，按【Enter】键，使电子负载初始保持在零功率。然后，在上位机软件主界面中，再次将控制切到"PC 控制"状态，将电子负载切换到"Off"状态，并在电子负载显示面板上确认处于"Off"状态，单击"运行"按钮，从负载显示面板观察功率加载情况是否按照设定程序加载，若未按设定加载，就重新检查并设定加载程序。

4）准备 STM32 开发板并下载程序

为开发板上电，通过 MDK 软件，将已编译的模糊控制能源管理算法程序下载到控制器，并初始化显示，打开上位机的串口助手软件，然后打开串口接收，确认回传电流和电压等状态信息正常。

5）启动氢燃料电池并确认状态反馈正常

堵住氢气软管出口，打开高压氢气瓶的阀门，调节减压阀，将输出压力调节至氢燃料电池进气口允许的压力范围（0.5~0.6 bar），手动脉冲式排气，测试出口压力基本稳定后，插入燃料电池进氢口启动燃料电池，听到三声连续排气后，燃料电池启动正常。然后，观察显示屏和串口助手，确认流量计流率和燃料电池电压显示正常。

6）设置 DC/DC 稳压初始值为 25 V

按 STM32 的【KEY1】键，将 DC/DC 输出电压设置为 25 V，然后通过电子负载显示面板，观察 DC/DC 输出电压设置结果，若电压显示不正常，可再次按【KEY1】键。

7）接入 6 S 锂电池并确认电压和电流采集正常

将锂电池接入电路后，观察显示屏和上位机串口助手的数据栏窗口，确认锂电池电流显示是否正常。此时锂电池电流可以为负值，表示处于充电状态。

8）启动测试工况

单击电子负载上位机软件"工作模式"栏下方的"运行"按钮，启动加载功率剖面，通过电子负载面板显示屏观察功率加载是否正常。若正常，则等待测试结束；若未加载成功，则停止程序加载，检查并确认通信正常、已经切换至 PC 控制、电子负载处于"On"状态，然后重新运行功率剖面序列，直至功率剖面运行完毕，自动停止加载。

9）结束实验

首先，单击串口助手界面的"保存窗口"按钮，将数据保存；其次，断开锂电池，在电子负载软件界面关闭负载，使其处于"Off"状态，切换至"面板控制"，关闭电子负载电源，再关闭 STM32 开发板电源；最后，关闭氢气瓶阀门，断开氢燃料电池进氢软管，并将剩余氢气排入氢气柜或室外。

5. 讨论与思考

（1）实验过程触发了哪些模糊控制规则？实际输出与理论输出是否一致？若不一致，请分析原因。

（2）分析模糊控制能源管理策略相较于被动式能源管理策略的优势和劣势，可从耗氢量、锂电池和燃料电池健康工作条件的角度进行分析。

6.3.5　太阳能电池/氢燃料电池/锂电池混合能源主动控制实验

1. 实验目的

（1）了解太阳能电池、氢燃料电池、锂电池混合能源主动拓扑结构，以及太阳能电池、氢燃料电池和锂电池的混合管理与控制方法。

（2）熟悉混合能源状态机能源管理策略，学习状态机能源管理策略的嵌入式部署方法，理解多能源功率流分配规则，明确主动能源管理策略的优势。

2. 实验内容

（1）太阳能/氢燃料电池/锂电池混合系统状态机能源管理策略实验：阶梯型载荷功率剖面。

（2）太阳能/氢燃料电池/锂电池混合系统状态机能源管理策略实验：脉冲型载荷功率剖面。

3. 实验设备及软件

本实验所需的主要设备包括光伏阵列模拟器、安全供氢系统、氢燃料电池、锂电池、MPPT 控制器、DC/DC 转换器、电子负载、电流电压传感器、混合能源管理模块、上位机、状态机控制算法代码、电子负载上位机软件、串口通信软件、ARM 嵌入式集成开发环境，如表 6-9 所示。

表 6 - 9　本实验所选用设备及软件

序号	类别（设备/软件）	设备及软件名称	型号/规格
1	实验设备	光伏阵列模拟器	AV1763 光伏阵列模拟器
2	实验设备	安全供氢系统	由防爆安全柜、40 L 标准储氢钢瓶、两级减压调节阀（各配气压表）、供氢软管组成
3	实验设备	氢燃料电池	EOS100 燃料电池
4	实验设备	锂电池	格氏 5 300 mAh 6S 锂电池
5	实验设备	MPPT 控制器	NE - MPPT V1.0 控制器
6	实验设备	DC/DC 转换器	NE - DCDC V1.0 控制器
7	实验设备	电子负载	ZY8715 电子负载
8	实验设备	电流电压传感器	NE - CVS V1 电流电压传感器
9	实验设备	混合能源管理模块	STM32F767 阿波罗开发板
10	实验设备	上位机	PC
11	软件	状态机控制算法代码	NE - FSM V1.0
12	软件	电子负载上位机软件	Load Monitor
13	软件	串口通信软件	XCOM 2.0 串口助手
14	软件	ARM 嵌入式集成开发环境	Keil MDK μVision5.23

4. 实验过程

1）设备连接

根据图 6 - 33 所示的实验系统架构，保持锂电池断开、暂缓氢气供应，将其他设备线路连接完成后，打开太阳能模拟器、电子负载、STM32 开发板（即 STM32 数据采集器），以及上位机 PC，并等待设备启动完毕。

2）状态机能源管理策略准备

本部分的主要目的是将 6.1.1 节中的状态机控制算法下载到 STM32F767 开发板中。本部分的算法嵌入式源程序（NE - FSM V1.0），经编译后，下载到开发板中即可。

3）电子负载功率剖面设计

打开上位机中的电子负载监控软件 Load Monitor，在"配置"界面中设置通信波特率为115 200，并选择对应的串口号，如"COM3：USB - SEARIAL"，其他参数默认即可。在软件主界面选择"CW Mode"（功率模式），并在右侧"程序"选项卡中选择"工作模式"为"连续"，然后参照以下两个功率剖面示例设计载荷。

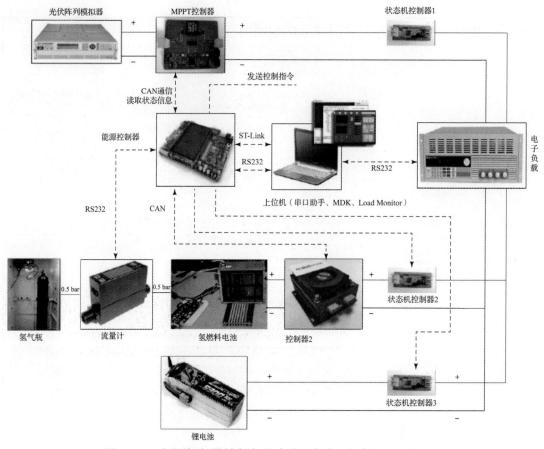

图 6 – 33　太阳能/氢燃料电池/锂电池混合能源主动控制系统架构

（1）阶梯型功率剖面：功率先逐级增大再逐级下降，每级需求功率所占被测对象额定功率的百分比依次为 0%→10%→30%→60%→90%→60%→30%→10%→0%，且每级持续 5 s，如图 6 – 34（a）所示。

（2）脉冲型功率剖面：主要测试燃料电池的大功率启动特性，以及对载荷极端跳变时的适应能力，可作为判断能源管理策略合理性的依据。其中，电子负载依然采用定功率模式，加载功率序列占燃料电池额定功率的百分比依次为 0%→50%→0%→60%→0%→30%→0%→20%→0%→10%→0%，每步持续时间 5 s，如图 6 – 34（b）所示。

4）启动电子负载并测试功率剖面加载程序

从软件界面切换回"面板控制"，从电子负载面板按【P – set】键，输入"0"，按【Enter】键，使电子负载初始保持在零功率。然后，在上位机软件主界面中再次将控制切到"PC 控制"状态，将电子负载切到"Off"状态，并在电子负载显示面板上确认处于"Off"状态；单击"运行"按钮，从负载显示面板观察功率加载情况是否按照设定程序加载，若未按设定加载，就重新检查并设定加载程序。

5）启动光伏阵列模拟器

为光伏阵列模拟器上电，待初始化完成后，设置光伏阵列模拟器的工作模式和参数，详细设置过程可参见 3.3.2 节。本实验所需设置的太阳能电池工程参数如下：

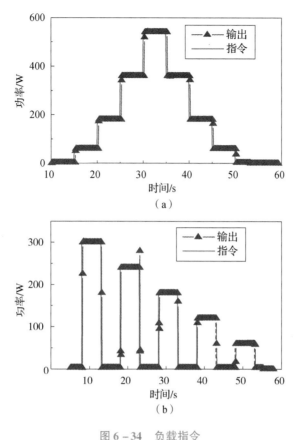

图 6 – 34　负载指令

(a) 阶梯型功率剖面；(b) 脉冲型功率剖面

- 最大功率点电压（Vmp）= 30 V
- 开路电压（Voc）= 36 V
- 最大功率点电流（Imp）= 3 A
- 短路电流（Isc）= 3.26 A

6）启动燃料电池并确认状态反馈正常

堵住氢气软管出口，打开高压氢气瓶的阀门，调节减压阀，将输出压力调节至氢燃料电池进气口的允许压力范围（0.5~0.6 bar），手动脉冲式排气测试出口压力基本稳定后，将软管插入氢燃料电池进氢口，启动氢燃料电池，听到三声连续排气，表示氢燃料电池启动正常。然后，观察 LCD 和串口助手，确认流量计流率和氢燃料电池电压显示正常。

7）设置 DC/DC 稳压初始值为 25 V

按 STM32 的【KEY1】键，将 DC/DC 输出电压设置为 25 V，然后通过电子负载显示面板观察确认 DC/DC 输出电压设置结果，若电压显示不正常，可再次按【KEY1】键。

8）接入 6S 锂电池并确认电压和电流采集正常

将锂电池接入电路后，观察显示屏和上位机串口助手数据栏窗口，确认锂电池电流显示是否正常。此时，锂电池电流可以为负值，表示处于充电状态。

9）启动状态机能源管理算法

打开上位机的串口助手软件，打开串口接收，确认回传电流和电压等状态信息正常后，按【KEY0】键即可启动状态机能源管理算法。

10）启动测试工况

单击电子负载上位机软件"工作模式"栏下方的"运行"按钮，启动加载功率剖面，通过电子负载面板显示屏观察功率加载是否正常。若正常，则等待测试结束；若未加载成功，则停止程序加载，检查并确认通信正常、已经切换至"PC控制"、电子负载处于"On"状态，然后重新运行功率剖面序列，直至功率剖面运行完毕，自动停止加载。

11）结束实验

首先，单击串口助手界面的"保存窗口"按钮，将数据保存。其次，依次断开锂电池、光伏阵列模拟器，在电子负载软件界面上关闭负载，使其处于"Off"状态，切换至"面板控制"，关闭电子负载电源，再关闭 STM32 开发板电源。最后，关闭氢气瓶阀门，断开燃料电池进氢软管，并将剩余氢气排入氢气柜或窗外。

5. 讨论与思考

（1）实验过程触发了哪些状态机规则？实际输出与理论输出是否一致？若不一致，请分析原因。

（2）分析状态机能源管理策略相较于被动式能源管理策略的优势和劣势。可从耗氢量、锂电池和燃料电池健康工作条件的角度进行分析。

思 考 题

（1）混合能源的被动控制和主动控制各有哪些优缺点？

（2）混合能源主动控制有哪些管理策略？

（3）对于混合能源管理的在线应用，采取的能源管理策略需要考虑哪些因素？

第 7 章

面向飞行任务的能源管理与控制方法及实验

根据2.3节对飞行任务和能源系统的耦合关系的分析结果，本章重点介绍面向飞行任务的能源管理与控制方法。首先，建立与飞行状态耦合的电池模型、动力系统模型、无人机运动学模型等数学模型；其次，分别给出飞行任务/能源系统松耦合和紧耦合两种情况下的能源管理策略；最后，以新能源无人机为例，介绍面向飞行任务的能源管理与控制仿真实验。

7.1 数学模型

7.1.1 飞行状态耦合的电池模型

7.1.1.1 机翼上表面辐照模型

为了简化分析，本书忽略了无人机机翼翼型的影响，仅考虑飞行姿态的影响，即假设太阳能电池组件平铺在无人机机翼上。

太阳能机翼需要考虑太阳入射光与受光平面的角度影响（即无人机的姿态角对太阳能电池组件接收太阳辐照大小的定量影响），加入太阳入射光与受光平面的夹角关系如图 7 – 1 所示。

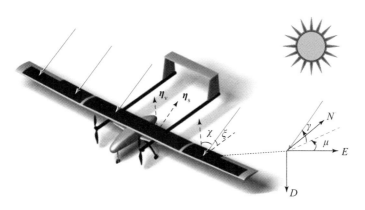

图 7 – 1   太阳辐照和无人机飞行姿态的几何关系

太阳能电池组件表面受到的等效太阳辐射直射量 S_p 与机翼表面受到的太阳辐射量 S_w 的关系式如下：

$$S_{\mathrm{p}} = S_{\mathrm{w}} \sin \xi \tag{7-1}$$

式中，ξ——太阳入射光与机翼的几何夹角，可通过求取入射光与受光平面的法线的夹角 χ 得到，即 $\xi = \pi/2 - \chi$。

因此，假设太阳入射光的方向向量为 $\boldsymbol{\eta}_{\mathrm{s}}$，方向由地面指向天顶，机翼上光伏电池表面的法线向量为 $\boldsymbol{\eta}_{\mathrm{v}}$，方向由电池指向天顶，则 $\chi = <\boldsymbol{\eta}_{\mathrm{s}}, \boldsymbol{\eta}_{\mathrm{v}}>$。太阳高度角 γ 为天顶角的余角 φ，因此有

$$\cos \varphi = \cos (\pi/2 - \gamma) = \sin \gamma \tag{7-2}$$

太阳方位角 μ 可通过下式求取：

$$\cos \mu = \frac{\sin \gamma \sin \kappa - \sin \delta}{\cos \gamma \cos \kappa} \tag{7-3}$$

式中，δ——赤纬；

κ——纬度。

由此，在地面坐标系 $X_{\mathrm{g}} Y_{\mathrm{g}} Z_{\mathrm{g}}$ 中，向量 $\boldsymbol{\eta}_{\mathrm{s}}$ 表示为

$$\boldsymbol{\eta}_{\mathrm{s}} = (i_1, i_2, i_3) = (-\cos \gamma \cos \mu, \cos \gamma \sin \mu, -\sin \gamma) \tag{7-4}$$

在机体坐标系 $X_{\mathrm{b}} Y_{\mathrm{b}} Z_{\mathrm{b}}$ 中，$\boldsymbol{\eta}_{\mathrm{v}}$ 表示为 $(0,0,-1)$。由机体坐标系和地面坐标系的转换关系，可得地面坐标系 $X_{\mathrm{g}} Y_{\mathrm{g}} Z_{\mathrm{g}}$ 中的 $\boldsymbol{\eta}_{\mathrm{v}}$ 表示为

$$\begin{cases} \boldsymbol{\eta}_{\mathrm{v}} = (j_1, j_2, j_3) \\ j_1 = -\sin \theta \cos \psi \sin \phi - \sin \psi \sin \phi \\ j_2 = -\sin \theta \sin \psi \cos \phi + \cos \psi \sin \phi \\ j_3 = -\cos \theta \cos \phi \end{cases} \tag{7-5}$$

因此，太阳入射光与光伏电池表面的法线的夹角 χ 可通过向量夹角公式计算，即

$$\cos \chi = \frac{i_1 j_1 + i_2 j_2 + i_3 j_3}{\sqrt{i_1^2 + i_2^2 + i_3^2} \cdot \sqrt{j_1^2 + j_2^2 + j_3^2}} \tag{7-6}$$

所以，考虑无人机姿态角的太阳辐照公式为

$$S_{\mathrm{p}} = S_{\mathrm{w}} \sin \xi = S_{\mathrm{w}} \sin (\pi/2 - \chi) = S_{\mathrm{w}} \cos \chi \tag{7-7}$$

7.1.1.2　太阳能电池模型

在均匀辐照情况下，太阳能电池单二极管模型可以精确地反映输出特性，且具有较快的动态响应速度。因此，本节采用双二极管太阳能电池模型，其等效电路如图 7-2 所示。

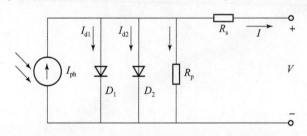

图 7-2　太阳能电池双二极管模型等效电路

根据电子电路理论，可得太阳能电池双二极管模型的 I-V 方程如下：

$$I = I_{\mathrm{ph}} - I_{\mathrm{d1}} \left[\exp \left(\frac{V + IR_{\mathrm{s}}}{a_1 V_{\mathrm{T1}}} \right) - 1 \right] - I_{\mathrm{d2}} \left[\exp \left(\frac{V + IR_{\mathrm{s}}}{a_2 V_{\mathrm{T2}}} \right) - 1 \right] - \frac{V + IR_{\mathrm{s}}}{R_{\mathrm{p}}} \tag{7-8}$$

式中，I——太阳能电池的输出电流；

　　　　V——太阳能电池的输出电压；

　　　　R_s——太阳能电池的串联等效电阻；

　　　　R_p——太阳能电池的并联等效电阻；

　　　　I_{d1}，I_{d2}——二极管 D_1 和 D_2 的反向饱和电流；

　　　　V_{T1}，V_{T2}——二极管 D_1 和 D_2 的热电压；

　　　　a_1，a_2——二极管 D_1 和 D_2 的理想因子。

　　　　I_{ph}——太阳能电池的光电流，其计算方法如下：

$$I_{ph} = I_{ph0} \times \frac{S_p}{S_{p0}} \tag{7-9}$$

式中，I_{ph0}——辐照度为 S_{p0} 时的光生电流值，本式引入了机翼上表面太阳辐照度对电池模型的影响。

　　为简化计算，可设定双二极管模型的反向饱和电流 $I_d = I_{d1} = I_{d2}$。计算式如下：

$$I_d = I_{d1} = I_{d2} = \frac{I_{sc} + K_I \Delta T}{\exp\left(\frac{V_{oc} + K_V \Delta T}{V_T (a_1 + a_2)/p}\right) - 1} \tag{7-10}$$

式中，K_I——太阳能电池的短路电流温度系数；

　　　　K_V——太阳能电池的开路电压温度系数；

　　　　V_{oc}——太阳能电池的开路电压；

　　　　I_{sc}——太阳能电池的短路电流；

　　　　V_T——二极管 D_1 和 D_2 的热电压，$V_T = V_{T1} = V_{T2} = KT/q$，$K = 1.608 \times 10^{-23}$ J/K，$q = 1.608 \times 10^{-19}$℃，$T$ 为环境温度；

　　　　ΔT——温度偏差，$\Delta T = T - T_{stc}$，$T_{stc} = 25$℃，本式将飞行器所处环境的温度引入了太阳能电池模型。

　　式（7-10）简化了双二极管模型的计算，使其无须迭代即可得出结果，二极管理想因子 a_1 和 a_2 分别代表扩散电流分量和复合电流分量。根据肖克利扩散理论，扩散电流必须是有限的。扩散电流分量为 1，即 $a_1 = 1$。复合电流分量 a_2 可以灵活取值，经大量试验分析得出：当 $a_2 \geq 1.2$ 时，模型与实际情况最为匹配。引入中间变量 $p = a_1 + a_2$，可知 $p \geq 2.2$，因此可将式（7-8）简化为

$$I = I_{ph} - I_d \left[\exp\left(\frac{V + IR_s}{V_T}\right) + \exp\left(\frac{V + IR_s}{(p-1)V_T}\right) - 2\right] - \frac{V + IR_s}{R_p} \tag{7-11}$$

　　R_s 与 R_p 之间的关系如下：

$$R_p = \frac{V_m + I_m R_s}{I_{ph} - I_d \left[\exp\left(\frac{V_m + I_m R_s}{V_T}\right) + \exp\left(\frac{V_m + I_m R_s}{(p-1)V_T}\right) - 2\right] - \frac{P_m}{V_m}} \tag{7-12}$$

式中，V_m——太阳能电池的最大功率点电压；

　　　　I_m——太阳能电池的最大功率点电流；

　　　　P_m——太阳能电池的最大输出功率。

　　R_s 的任意值均有唯一的 R_p 与之对应，可以采用迭代方式求解 R_s 和 R_p。在迭代过程中，

R_s 的初值为 0，R_p 的初值由下式计算得到：

$$R_{pmin} = \frac{V_m}{I_{sc} - I_m} - \frac{V_{oc} - V_m}{I_m} \qquad (7-13)$$

式中，V_{oc}——太阳能电池的开路电压；

$\quad\quad I_{sc}$——太阳能电池的短路电流。

7.1.1.3 氢燃料电池模型

本书燃料电池模型采用一阶等效电路模型，如图 7-3 所示，其中 V_{cell} 为单片燃料电池电压，R_i 为燃料电池内阻，R_d 为活化内阻和浓差内阻之和，C_{dl} 为表征电池时间响应的并联 RC 电路的电容。

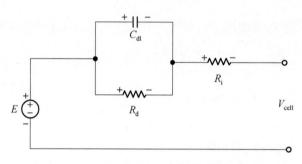

图 7-3　燃料电池一阶等效电路模型

首先，根据等效电路模型，可推导燃料电池的模型如下：

$$\begin{cases} E = E_{oc} - NA\ln\left(\dfrac{i_{fc}}{i_0}\right) \\ V_{fc} = N_{unit}E - R_i i_{fc} \\ i_{fc} = \dfrac{1}{R_d}\left(\tau\dfrac{dv_d}{dt} + v_d\right) \end{cases} \qquad (7-14)$$

式中，E_{oc}——开路电压；

$\quad\quad N$——每个电堆的电池片数量；

$\quad\quad N_{unit}$——串联的电堆数量；

$\quad\quad A$——塔费尔（Tafel）斜率；

$\quad\quad i_0$——标称交换电流；

$\quad\quad v_d$——电阻 R_d 两端电压；

$\quad\quad \tau$——时间常数，$\tau = \dfrac{C_{dl}}{R_d}$。

燃料电池消耗的氢气和氧气的气压分量，分别为参与化学反应的气压分量 P_{H_2} 和 P_{O_2}，即

$$\begin{cases} P_{H_2} = (1 - U_{H_2}) \cdot x \cdot P_{fuel} \\ P_{O_2} = (1 - U_{O_2}) \cdot y \cdot P_{air} \end{cases} \qquad (7-15)$$

式中，U_{H_2}, U_{O_2}——氢气和氧气的利用率；

$\quad\quad P_{fuel}, P_{air}$——燃料和空气的供应气压；

$\quad\quad x, y$——氢气在燃料中和氧气在空气中的百分比。

反应过程的氢气和氧气的利用率与燃料电池进气流率和燃料电池电流有关，即

$$\begin{cases} U_{H_2} = \dfrac{60\,000RTi_{fc}}{2FP_{fuel}V_{fuel}x} \\[3mm] U_{O_2} = \dfrac{60\,000RTi_{fc}}{4FP_{air}V_{air}y} \end{cases} \tag{7-16}$$

式中，V_{fuel}，V_{air}——燃料电池燃料、空气的进气流率，L/min；

　　　i_{fc}——燃料电池电流，A。

考虑到化学反应动力学和物质传输过程的损耗，燃料电池实际工作时的开路电压比 Nernst 方程中的理论值小，这是反应物活化、内阻，以及物质扩散导致的，即

$$V_{oc} = E_{oc} - V_{act} - V_r \tag{7-17}$$

而活化压降 V_{act} 和欧姆压降 V_r 可由下式计算：

$$\begin{cases} V_{act} = NA\ln\left(\dfrac{i_{fc}}{i_0}\right) \cdot \dfrac{1}{sT_d/3+1} \\[3mm] V_r = r_{ohm} \cdot i_{fc} \end{cases} \tag{7-18}$$

式中，V_{oc}——燃料电池的实际开路电压；

　　　T_d——反应时间；

　　　r_{ohm}——燃料电池内阻；

　　　i_{fc}——燃料电池电流。

将式（7-18）中的活化损耗通过并联电容和电阻模拟，将动态过程采用一阶传递函数 $\dfrac{1}{sT_d/3+1}$ 表示，而内阻损耗通过串联电阻表示，则燃料电池等效电路模型如图 7-4 所示。

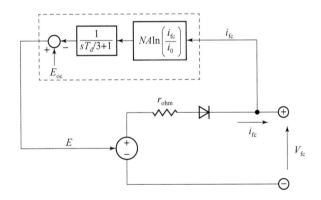

图 7-4　燃料电池等效电路仿真模型

理论开路电压 E_{oc}、交换电流 i_0 和塔费尔斜率 A 取决于气体压力、温度、纯度和流速，即 E_{oc}、i_0 和 A 的计算如下：

$$\begin{cases} E_{oc} = K_c E_n \\[3mm] i_0 = \dfrac{2Fk(P_{H_2} + P_{O_2})}{Rh} \cdot \exp\left(\dfrac{-\Delta G}{RT}\right) \\[3mm] A = \dfrac{RT}{2\alpha F} \end{cases} \tag{7-19}$$

式中，$R = 8.3145\,\mathrm{J/(mol \cdot K)}$，$F = 96\,485\,\mathrm{A \cdot s/mol}$；

$\quad E_n$——Nernst 电压；

$\quad \alpha$——电荷转移系数；

$\quad P_{H_2}$——燃料电池堆内的氢气分压；

$\quad P_{O_2}$——燃料电池堆内的氧气分压；

$\quad k$——玻尔兹曼常数，$\mathrm{J/K}$；

$\quad h$——普朗克常数，$\mathrm{J \cdot s}$；

$\quad \Delta G$——活化能垒，J；

$\quad T$——反应温度，K；

$\quad K_c$——额定工作条件下的电压常数。

储氢装置中氢气的压力状态（state of pressure，SOP）定义如下：

$$SOP = P_0 - \frac{\int_0^t V_{H_2}(t)\,\mathrm{d}t}{V_{ol}} \tag{7-20}$$

式中，P_0——储氢装置的初始压力，bar；

$\quad V_{ol}$——储氢装置的体积，L；

$\quad V_{H_2}$——氢气流率，$\mathrm{L/min}$。

当 SOP 低于设定的最低气压时，燃料电池停止工作。

7.1.1.4 锂电池模型

锂电池模型采用改进的 Shepherd 曲线拟合模型，根据电流和荷电状态（SOC）来定义其电压。一般锂电池放电曲线可分为三段：第一段，电池电压随电量状态呈指数下降；第二段，近似线性下降，是锂电池的主要工作区域；第三段，电池电压急剧下降至截止电压。假定电池内阻在充电和放电周期内为定值，不考虑温度对电池模型的影响，充放电的模型参数相同，则锂电池充放电过程的电压模型为

$$V_{batt} = \begin{cases} E_0 - R \cdot i_b - K\dfrac{Q}{Q - i_b t}(i_b t + i^*) + A\exp(-B \cdot i_b t), & \text{放电} \\[4mm] E_0 - R \cdot i_b - K\dfrac{Q}{i_b t - 0.1Q} \cdot i^* - K\dfrac{Q}{Q - i_b t} + A\exp(-B \cdot i_b t), & \text{充电} \end{cases} \tag{7-21}$$

式中，E_0——电压常量；

$\quad K$——极化常数或极化电阻；

$\quad i^*$——滤波电流；

$\quad i_b$——电池电流；

$\quad Q$——最大电池容量；

$\quad A$——指数电压；

$\quad B$——指数区时间常数；

$\quad R$——电池内阻。

锂电池的 SOC 计算如下：

$$SOC = 1 - \frac{\int_0^t i_b\,\mathrm{d}t}{Q} \tag{7-22}$$

锂电池通常对温度比较敏感，考虑环境温度和自身温度对模型的影响，则锂电池放电和充电模型修正如下：

$$V_{\text{batt}}(T) = f_1(i_b t, i^*, i_b, T, T_a) - R(T) \cdot i_b \qquad (7-23)$$

- 放电时 $(i^* > 0)$

$$f_1(i_b t, i^*, i_b, T, T_a) = E_0(T) - K(T) \cdot \frac{Q(T_a)}{Q(T_a) - i_b t} \cdot (i^* + i_b t) + A \cdot e^{-B i_b t} - C \cdot i_b t \qquad (7-24)$$

- 充电时 $(i^* < 0)$

$$f_1(i_b t, i^*, i_b, T, T_a) = E_0(T) - K(T) \cdot \frac{Q(T_a)}{i_b t + 0.1 \cdot Q(T_a)} \cdot i^* - K(T) \frac{Q(T_a)}{Q(T_a) - i_b t} \cdot i_b t + A \cdot e^{-B i_b t} - C \cdot i_b t \qquad (7-25)$$

$$\begin{cases} E_0(T) = E_0 \big|_{T_{\text{ref}}} + \dfrac{\partial E}{\partial T}(T - T_{\text{ref}}) \\[2mm] K(T) = K \big|_{T_{\text{ref}}} \cdot \exp\left(\alpha\left(\dfrac{1}{T} - \dfrac{1}{T_{\text{ref}}}\right)\right) \\[2mm] Q(T_a) = Q \big|_{T_a} + \dfrac{\Delta Q}{\Delta T} \cdot (T_a - T_{\text{ref}}) \\[2mm] R(T) = R \big|_{T_{\text{ref}}} \cdot \exp\left(\beta\left(\dfrac{1}{T} - \dfrac{1}{T_{\text{ref}}}\right)\right) \end{cases} \qquad (7-26)$$

式中，T_{ref}——标称环境温度，K；

T——电池或内部温度，K；

T_a——环境温度，K；

E/T——可逆电压温度系数，V/K；

α——极化电阻的阿伦尼乌斯速率常数；

β——内阻的阿伦尼乌斯速率常数；

$\Delta Q/\Delta T$——最大容量温度系数，Ah/K；

C——标称放电曲线斜率，V/Ah。

对于放电曲线不太明显的锂电池（如磷酸铁锂电池），该参数设置为 0。

7.1.2　动力系统模型

动力系统主要由电子调速器、电动机和螺旋桨组成，动力系统将电动功率转化为机械功率输出，驱动飞机正常飞行。一般电子调速器和电动机的效率较高且变化较小，本节可假设电子调速器的效率 η_{esc} 为 95%，电动机的效率 η_{motor} 为 80%。

螺旋桨将电动机转速转化为拉力，同时产生附加气动扭矩。根据螺旋桨涡流理论，可得螺旋桨拉力和扭矩为

$$T = \frac{4}{\pi^2}\rho R_p^4 \omega^2 C_T \qquad (7-27)$$

$$M = \frac{4}{\pi^3}\rho R_p^5 \omega^2 C_q \qquad (7-28)$$

式中，T——螺旋桨拉力；

ρ——空气密度；

ω——螺旋桨转速，rad/s；

R_p——螺旋桨半径；

C_T, C_q——桨拉力系数和扭矩系数。

拉力系数 C_T 和扭矩系数 C_q 都是关于前进比 J 的函数，而前进比的本质是飞行速度 v 和桨转速 ω 的关系，即

$$J = \frac{v\pi}{\omega R_p} \tag{7-29}$$

7.1.3 无人机运动模型

无人机在飞行过程中具有 3 个自由度的平移运动和 3 个自由度的旋转运动，共计 6 个自由度，其中姿态角定义如图 7-5 所示，飞行速度和角速度在机体轴坐标系下的定义如图 7-6 所示。其中，航向角 ψ 为机头朝向 i_b 与北向 N 的夹角；俯仰角 θ 为机体纵轴 x_b 与水平面的夹角；滚转角 ϕ 为由机尾部顺机身前视，机体轴右翼指向 y_b 与水平面 y 的夹角。

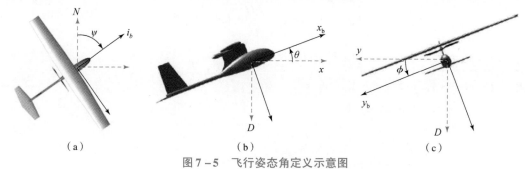

图 7-5 飞行姿态角定义示意图

(a) 航向角；(b) 俯仰角；(c) 滚转角

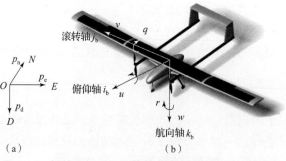

图 7-6 惯性坐标系和机体轴坐标系下的运动变量定义

(a) 惯性坐标系；(b) 机体轴坐标系

可建立 6 自由度无人机刚体运动学模型如下：

$$\begin{bmatrix} \dot{p}_n \\ \dot{p}_e \\ \dot{p}_d \end{bmatrix} = \begin{bmatrix} \cos\theta\cos\psi & \sin\phi\sin\theta\cos\psi - \cos\phi\sin\psi & \cos\phi\sin\theta\cos\psi + \sin\phi\sin\psi \\ \cos\theta\sin\psi & \sin\phi\sin\theta\sin\psi + \cos\phi\cos\psi & \cos\phi\sin\theta\cos\psi - \sin\phi\cos\psi \\ -\sin\theta & \sin\phi\cos\theta & \cos\phi\cos\theta \end{bmatrix} \begin{bmatrix} u \\ v \\ w \end{bmatrix}$$

$$\tag{7-30}$$

$$\begin{bmatrix} \dot{\phi} \\ \dot{\theta} \\ \dot{\psi} \end{bmatrix} = \begin{bmatrix} 1 & \sin\phi\tan\theta & \cos\phi\tan\theta \\ 0 & \cos\phi & -\sin\phi \\ 0 & \dfrac{\sin\phi}{\cos\theta} & \dfrac{\cos\phi}{\cos\theta} \end{bmatrix} \begin{bmatrix} p \\ q \\ r \end{bmatrix} \tag{7-31}$$

式中，p_n, p_e, p_d——北东地坐标系下无人机平移运动的位移量；

　　　u, v, w——机体轴坐标系下的平移速度；

　　　ϕ, θ, ψ——无人机姿态角；

　　　p, q, r——机体轴坐标系下的转动角速度。

　　不考虑风速时，有地速值等于空速值，即飞行速度，将空速转换为机体坐标系下的速度，即

$$\begin{bmatrix} u \\ v \\ w \end{bmatrix} = V \begin{pmatrix} \cos\alpha\cos\beta \\ \sin\beta \\ \sin\alpha\cos\beta \end{pmatrix} \tag{7-32}$$

式中，V 为飞行速度；假设无人机进行无侧滑转弯，则有 $\beta = 0$。

　　基于刚体运动假设，不考虑无人机自身的旋转运动，可建立其运动模型为

$$\begin{cases} \dot{x} = V\cos\psi\cos\gamma \\ \dot{y} = V\sin\psi\cos\gamma \\ \dot{h} = V\sin\gamma \\ \dot{\psi} = \dfrac{g}{V}\left(\dfrac{n_h}{\cos\gamma}\right) \\ \dot{\gamma} = \dfrac{g}{V}(n_v - \cos\gamma) \\ \dot{V} = \left(\dfrac{T\cos\alpha - D}{mg} - \sin\gamma\right)g \end{cases} \tag{7-33}$$

式中，(x, y, h)——位置坐标；

　　　γ——航迹角；

　　　α——迎角，有 $\gamma = \theta - \alpha$；

　　　n_v, n_h——铅垂向和水平向的过载，

$$n_v = \frac{L\cos\phi}{mg} \tag{7-34}$$

$$n_h = \frac{L\sin\phi}{mg} \tag{7-35}$$

由空气动力学理论可得升力 L 和阻力 D 的计算如下：

$$L = \frac{1}{2}\rho v^2 S C_L \tag{7-36}$$

$$D = \frac{1}{2}\rho v^2 S C_D \tag{7-37}$$

考虑到无人机飞行过程中的迎角变化不大，气动力系数处在线性区域，可得

$$C_L = C_L^{\alpha} \cdot \alpha + C_{L0} \tag{7-38}$$

$$C_D = C_{D,\min} + \frac{(C_L - C_{L0})^2 \cdot S}{e \cdot \pi \cdot b^2} \tag{7-39}$$

式中，C_L^α——升力系数对迎角的导数，又称升力线斜率；

C_{L0}——迎角为零时的升力系数；

$C_{D,\min}$——最小阻力系数；

e——奥斯瓦尔德效率因子；

b——翼展长；

S——翼面积。

7.2　飞行任务/能源系统耦合管理与控制方法

7.2.1　松耦合管理与控制方法

根据 2.3 节的分析，飞行任务/能源系统松耦合管理与控制采取的主要思路是：仅考虑飞行器的飞行状态和飞行环境参数对能源系统的影响，以飞行任务的功率需求为目标，对多种能源的电力输出（输入）进行管理与控制，因此该方法仅适用于混合能源飞行器。具体流程包括：

（1）建立能源特性与飞行状态参数和飞行环境参数之间的耦合关系模型。7.1.1 节给出了一些相关模型，读者也可以根据实际情况建立更加复杂的模型。

（2）根据飞行任务，给出实际飞行工况下的功率需求。

（3）将以上功率需求作为负载任务剖面，在考虑能源特性与飞行状态参数和飞行环境参数耦合关系的基础上，采用第 6 章给出的混合能源主动管理与控制方法，对能源系统进行管理与控制。

7.2.2　紧耦合管理与控制方法

7.2.2.1　紧耦合管理与控制问题

飞行任务/能源系统紧耦合管理与控制方法的主要思路是：考虑飞行器飞行状态（如飞行轨迹、飞行姿态等）与能源系统的深度耦合，以最优综合飞行效能（如飞行时间最长、飞行航程最大等）为目标，开展能源系统的管理与控制。这个方法既适用于单一能源飞行器，也适用于混合能源飞行器。

紧耦合管理与控制问题，其本质是综合考虑底层能源管理和顶层任务规划的非线性系统最优控制问题，满足动力学约束和时域约束，即

$$\min \quad J(x(t),u(t)) \tag{7-40}$$

$$\text{s. t.} \begin{cases} \dot{x}(t) = f(x(t),u(t)) \\ x(0) = x_0 \\ u(t) \in U, \quad \forall t \geq 0 \\ x(t) \in X, \quad \forall t \geq 0 \end{cases} \tag{7-41}$$

式中，$J(x(t),u(t))$——目标函数。

这个目标函数可以根据具体情况设定。

（1）对于给定点到点飞行的新能源无人机，其目标函数可以是锂电池剩余电量最大，即

$$J = \max_{(n_v,n_h,T,P_{\text{batt}})} \text{SOC}(t_f) \tag{7-42}$$

式中，n_v——垂向过载；

n_h——横向过载；

T——推力；

P_{batt}——电池功率；

t_f——终端时间。

（2）对于具有地面侦察任务的新能源无人机，其目标函数需要兼顾探测范围和电量存储，即

$$J = \max_{(n_v, n_h, T, P_{batt})} C(t_f) + \text{SOC}(t_f) \tag{7-43}$$

式中，$C(t_f)$——地面侦察范围。

（3）对于具有跟踪地面移动目标任务的无人机，其目标函数需要兼顾跟踪距离和能量获取，即

$$J = J_r + J_c \tag{7-44}$$

式中，J_r——跟踪任务的目标函数；

J_c——获取总能量的目标函数。

$$J_r = \min \begin{cases} \lambda_1 \sum_{k+1}^{k+N-1} l_i, & \vartheta_i \leqslant \vartheta_{\max} \\ \lambda_1 \sum_{k+1}^{k+N-1} \left(\dfrac{l_i}{L_{\max}}\right)^2 l_i, & \text{其他} \end{cases} \tag{7-45}$$

$$J_c = \min \left\{ -\lambda_2 \sum_{i=k+1}^{k+N-1} \Delta t \times (P(i)_{\text{in}} - P(i)_{\text{out}}) \right\} \tag{7-46}$$

式中，λ_1, λ_2——两个目标的权重因子；

l_i——无人机在 i 时刻与移动目标的距离；

$L_{\max}$——光电吊舱的最大可探测距离；

ϑ_i——光电吊舱在 i 时刻的视线角；

$\vartheta_{\max}$——光电吊舱的最大视线角；

Δt——时间步长；

$P(i)_{\text{in}}, P(i)_{\text{out}}$——无人机获得的能量和消耗的能量。

（4）对于给定航迹任务的新能源无人机，其目标函数可以包含三个部分：轨迹跟踪误差小、能量消耗低、控制平和，即

$$J = \int_{t_0}^{t_f} (\lambda_1 \| \boldsymbol{x} - \boldsymbol{x}_{\text{ref}} \|^2 + \lambda_2 \| \Delta \boldsymbol{E} \|^2 + \lambda_3 \| \Delta \boldsymbol{u} \|^2) \, \mathrm{d}t \tag{7-47}$$

式中，$\boldsymbol{x}$——当前轨迹；

$\boldsymbol{x}_{\text{ref}}$——参考轨迹；

$\Delta \boldsymbol{E}$——能量消耗；

$\Delta \boldsymbol{u}$——控制量变化幅度；

$\lambda_1, \lambda_2, \lambda_3$——权重因子。

7.2.2.2　氢燃料电池/锂电池紧耦合爬升控制方法

本节以氢燃料电池/锂电池混合能源无人机为例，介绍紧耦合爬升控制方法。

1. 最优控制模型建立

燃料电池无人机在爬升过程中所需的功率一般大于燃料电池的最大功率，需要锂电池配

合使用。爬升过程的飞行控制影响飞行状态和需用功率，燃料电池与锂电池的能源管理影响功率流的分配、电量状态及氢气消耗。因此，氢耗最少爬升问题需要耦合分析飞行状态和能源管理。

燃料电池无人机氢耗最少爬升问题以爬升过程中氢气消耗量为最优控制指标，以迎角 α 和螺旋桨转速 ω 为飞行控制变量，以燃料电池输出功率 P_{fc} 为能源系统控制变量；从初始高度 h_0 爬升到指定目标高度 h_f，满足飞行状态约束和能源系统状态约束，同时进行能源管理和飞行状态控制。可采用能源管理和飞行状态耦合的最优控制策略（简称"耦合最优控制策略"），将氢耗最少爬升问题按照最优控制的标准表述如下。

最优控制指标：

$$J = \min_{(\alpha,\omega,P_{fc})} \int \dot{m}_H \mathrm{d}t \tag{7-48}$$

状态方程组：

$$\begin{cases} \dot{h} = v\sin\gamma \\ \dot{v} = \dfrac{T\cos\alpha - D}{m} - g\sin\gamma \\ \dot{\gamma} = \dfrac{T\sin\alpha + L}{vm} - \dfrac{g}{v}\cos\gamma \\ \dot{SOC} = \dfrac{V_{oc} - \sqrt{V_{oc}^2 - 4R_{int}(P_D - P_{fc})}}{2Q_b R_{int}} \end{cases} \tag{7-49}$$

状态边界：

$$\begin{cases} h_0 \leqslant h \leqslant h_f \\ v_{min} < v \leqslant v_{max} \\ \gamma_- \leqslant \gamma \leqslant \gamma_+ \\ SOC_{min} \leqslant SOC \leqslant SOC_{max} \end{cases} \tag{7-50}$$

控制边界：

$$\begin{cases} \alpha_{min} \leqslant \alpha \leqslant \alpha_{max} \\ \omega_{min} \leqslant \omega \leqslant \omega_{max} \\ P_{fcmin} \leqslant P_{fc} \leqslant P_{fcmax} \end{cases} \tag{7-51}$$

过程约束：

$$\begin{cases} \dot{\gamma}_{min} \leqslant \dot{\gamma} \leqslant \dot{\gamma}_{max} \\ P_{bmin} \leqslant P_{batt} \leqslant P_{bmax} \end{cases} \tag{7-52}$$

2. 模型耦合分析

通过动力模型和控制模型将无人机飞行运动模型与能源系统模型耦合，其内部数据流关系如图 7-7 所示。

无人机运动模型将飞行状态参数（如飞行速度、姿态等）传递给动力系统模型，动力系统模型接受来自动力系统控制器模型的转速控制，将产生的拉力作用于无人机模型。需求机械功率 P_d 转换为需求电功率 P_D，即

$$P_D = \dfrac{\omega M}{\eta_{esc}\eta_{motor}} \tag{7-53}$$

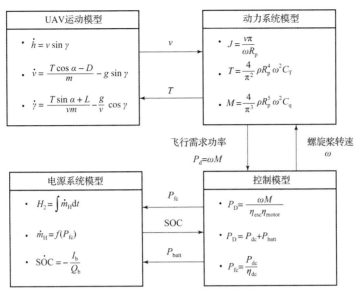

图 7 - 7　模型耦合分析

然后传递给能源控制模型，通过合理的控制 DC/DC 输出功率 P_{dc} 和蓄电池功率 P_{batt} 以满足需求功率，即

$$P_D = P_{dc} + P_{batt} \tag{7-54}$$

考虑 DC/DC 的转化效率 η_{dc} 得到燃料电池的输出功率 P_{fc} 为

$$P_{fc} = \frac{P_{dc}}{\eta_{dc}} \tag{7-55}$$

将锂电池和燃料电池的功率传递给各自电源模型，以计算蓄电池电量和氢气消耗情况。其中，利用锂电池的电流 I_b 和电池容量 Q_b 信息，可利用下式对锂电池的电量状态 SOC 进行动态估计，并将电量信息反馈到控制模型。

$$\dot{SOC} = -\frac{I_b}{Q_b} \tag{7-56}$$

7.3　新能源无人机能源管理与控制仿真实验

7.3.1　太/氢/锂混合能源无人机能源系统松耦合管理与控制半实物实验

1. 实验目的

（1）熟悉半实物仿真平台，学习飞行载荷模拟控制，以及姿态变化时太阳能电池发电特性的模拟控制。

（2）了解松耦合能源管理策略的实施方法，回顾模糊控制主动能源管理策略，理解松耦合能源管理策略的特点。

7.3.1 节实验参考程序

2. 实验内容

（1）飞行任务载荷模拟实验。

（2）动态辐照下太阳能电池模拟实验。

（3）太阳能电池/氢燃料电池/锂电池混合系统松耦合能源管理实验。

3. 实验设备及软件

本实验所需的主要设备包括半实物实时仿真机、光伏阵列模拟器、安全供氢系统、氢燃料电池、锂电池、MPPT 控制器、DC/DC 转换器、状态机控制器、电子负载、电流电压传感器、混合能源管理模块、上位机、交换机、电子负载上位机软件、串口通信软件、以及 ARM 嵌入式集成开发环境、实时仿真软件，如表 7−1 所示。

表 7−1　本实验所选用设备及软件

序号	类别 (设备/软件)	设备及软件名称	型号/规格
1	实验设备	半实物实时仿真机	iHawk
2	实验设备	光伏阵列模拟器	IT − M3902C − 85 − 40SAS 双向源
3	实验设备	安全供氢系统	由防爆安全柜、40 L 标准储氢钢瓶、两级减压调节阀（各配气压表）、供氢软管组成
4	实验设备	氢燃料电池	EOS100 燃料电池
5	实验设备	锂电池	格氏 5 300 mAh 6S 锂电池
6	实验设备	MPPT 控制器	NE − MPPT V1.0 控制器
7	实验设备	DC/DC 转换器	NE − DCDC V1.0 控制器
8	实验设备	状态机控制器	NE − SMC V1.0 控制器
9	实验设备	电子负载	IT − M3902C − 80 − 40 双向源
10	实验设备	电流电压传感器	NE − CVS V1 电流电压传感器
11	实验设备	混合能源管理模块	STM32F767 阿波罗开发板
12	实验设备	上位机	PC
13	实验设备	交换机	TP − LINK 交换机
14	软件	电子负载上位机软件	Load Monitor
15	软件	串口通信软件	XCOM 2.0 串口助手
16	软件	ARM 嵌入式集成开发环境	MDK μVision5.23
17	软件	实时仿真软件	SimWB

本实验为了实现太阳能电池性能随飞行状态变化的实时动态模拟，选用 IT − M3902C − 85 − 40SAS 双向源作为光伏阵列模拟器，并选用 IT − M3902C − 80 − 40 双向源作为电子负载。这两种电源的外形相同，如图 7−8 所示，其主要参数指标如表 7−2 所示。该系列双向源是一种回馈式的双向可编程直流电源，集双向电源和回馈式负载功能特性于一体，因此可以作为电子负载使用；而且，该双向源支持 CAN 通信对负载进行编程控制，支持网络通信对光伏模拟进行在线实时控制，因此本例选用该系列型号联入半实物仿真系统，其详细功能可参见手册《双向可编程直流电源 IT − M3900C 系列用户手册》。

图 7-8 IT-M3900C 系列双向可编程直流电源

表 7-2 两款双向源主要参数指标

型号		IT-M3902C-85-40SAS	IT-M3902C-80-40
额定值范围	电压/V	0~85	0~80
	电流/A	-40~40	-40~40
	功率/W	-2000~2000	-2000~2000
	串联内阻/Ω	0~0.3	0~0.3
设定与回读值解析度	电压/V	0.001	0.001
	电流/A	0.01	0.01
	功率/W	1	1
	串联内阻/Ω	0.001	0.001
设定与回读值精确度	电压	≤0.03% + 0.03%FS	≤0.03% + 0.03%FS
	电流	≤0.1% + 0.1%FS	≤0.1% + 0.1%FS
	功率	≤0.5% + 0.5%FS	≤0.5% + 0.5%FS
	串联内阻	≤1%FS	≤1%FS

4. 实验过程

1）设备连接

根据图 7-9 所示的实验系统架构，保持锂电池断开，暂缓氢气供应，将其他设备线路连接完成后，仅打开上位机、iHawk 实时仿真机，以及 STM32F767 开发板，等待设备启动完毕。

2）状态机能源管理策略准备

本部分根据 6.1.1 节中的状态机控制策略的流程，基于 MDK μVision 开发环境编写嵌入式算法程序，将其编译成功后下载到 STM32F767 开发板中。

3）半实物仿真机准备

本部分主要是建立飞行任务模型，包括飞行过程中的需求载荷和辐照变化时的太阳能电池四个工程参数，用于模拟飞行过程中的电力载荷和太阳能电池特性。

（1）任务建模与实时仿真机连接。在上位机中建立无人机飞行任务的需求功率模型，以及飞行过程姿态变化的辐照模型，如图 7-10（a）所示；然后，通过无缝集成的实时仿真接口 SimWB，登录进入实时仿真机，如图 7-10（b）所示。

（2）建立 RTDB 变量并上传至实时仿真机。选择 "RTDB Creator" 选项卡进入图 7-11 所示的界面，设置 RTDB 变量名（如 Chapter7_SM），然后创建并上传 RTDB 变量。创建执行过程会在 MATLAB 命令窗口显示。

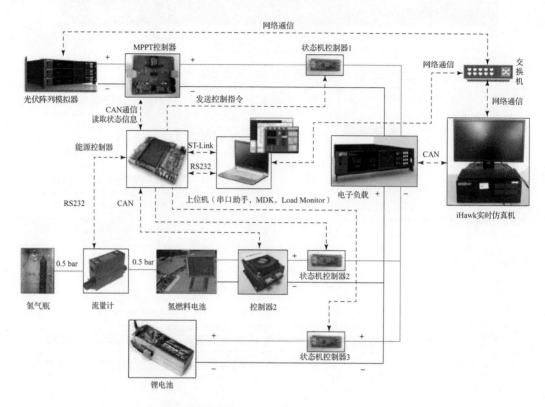

图 7-9　太阳能/氢燃料电池/锂电池混合能源松耦合控制半实物系统

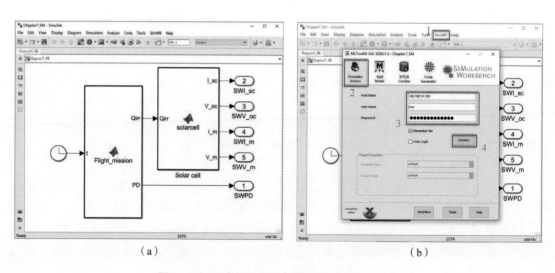

（a）　　　　　　　　　　　　（b）

图 7-10　无人机飞行任务模型与实时仿真接口

（a）飞行任务模型；（b）实时仿真入口

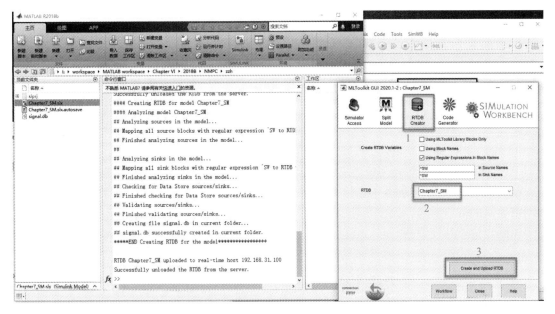

图 7 – 11　建立 RTDB 变量并上传到实时仿真机

（3）编译并上传至实时仿真机。选择代码生成选项卡 "Code Generator"，进入图 7 – 12 所示的界面，然后将所建立的 Simulink 模型编译成实时仿真机可执行的代码，并上传至实时仿真机。执行过程在 MATLAB 命令窗口显示。

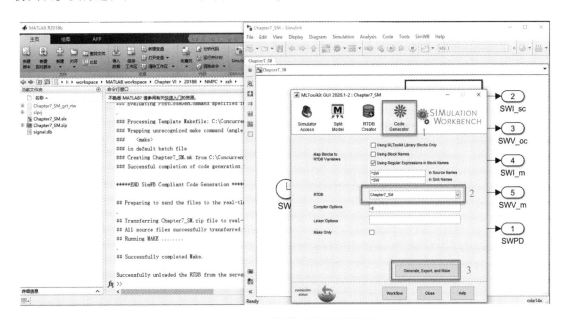

图 7 – 12　生成可执行代码并编译

（4）加载 RTDB 变量。打开实时仿真机的 Simulation Workbench 软件，选择所建立的 RTDB 变量（如 Chapter7_SM），并加载，如图 7 – 13 所示。

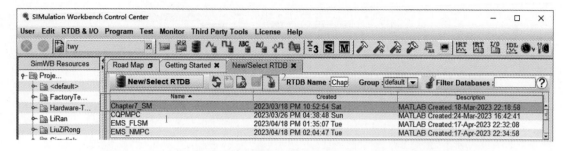

图 7 – 13　在实时仿真机中加载 RTDB 变量

（5）创建通信接口变量。进入"Analog Points"界面，分别创建 CAN 通信的接口变量和网络通信的接口变量，如图 7 – 14 所示。其中，CAN 通信用于控制电子负载，网络通信用于控制光伏阵列模拟器。

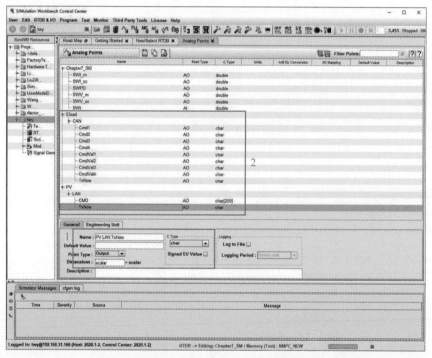

图 7 – 14　创建 CAN 通信和网络通信接口变量

（6）输入输出 I/O 映射。进入"I/O Mappings"界面，选择"CANIO ESD405 – 1"选项卡，在输出 01 通道设定 CAN 通信的 ID 为 0x0601，然后设置 8 个数据位的字节，并选择上一步建立的接口变量映射到对应位置，如图 7 – 15（a）所示。然后，选择"NET I/O – 1"选项卡，设置网络通信的接口变量映射，如图 7 – 15（b）所示。

（7）编写接口驱动程序。进入"User Programs"界面，输入接口驱动模型名称（如 Chapter7_IO），选择前面步骤所建立的 RTDB 变量 Chapter7_SM，新建立一个 C model。打开 Chapter7_IO 文件夹下的 Chapter7_IO.c 文件，如图 7 – 16 所示，在给定代码框架下编写 Simulink 模型与接口变量的函数关系，从而对接口变量赋值。

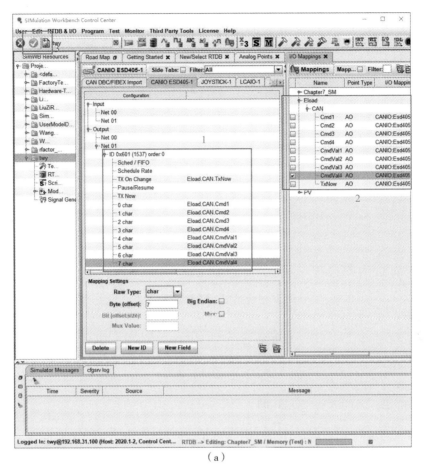

（a）

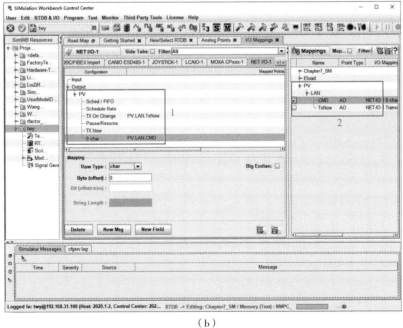

（b）

图 7－15　创建 CAN 通信和网络通信接口变量映射

（a）CAN 通信接口变量映射；（b）网络通信接口变量映射

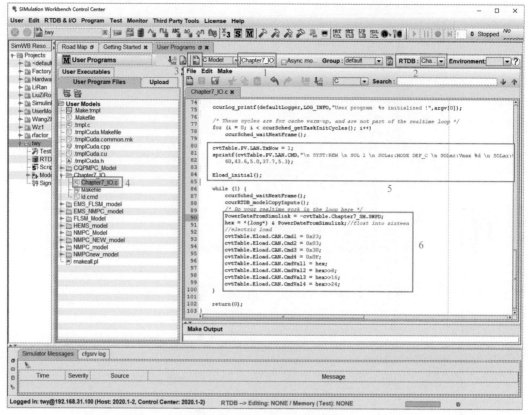

图 7-16　接口驱动程序示例

（8）建立测试工程。进入"Tests"界面，输入新建测试的名称（如 Chapter7_SM），选择前面步骤所建立的 RTDB 变量 Chapter7_SM。在同步模型窗口空白处右击，在 simulink 目录下选择 Chapter7_SM 模型，在 user program 目录下选择 Chapter7_IO 模型，并进行数据流的连接，如图 7-17 所示。

（9）建立测试科目。进入"Test Sessions"界面，输入新建测试科目名称（如 Chapter7_SM），如图 7-18 所示，单击"运行"图标按钮，进行代码测试，仿真正常启动后，即可停止仿真运行。

（10）数据监测设置。进入"Real-Time Viewer"界面，选择需要监测的数据，添加到列表或图表即可，如图 7-19 所示。观察显示的数据，判断程序是否执行正常。

4）飞行任务载荷模拟实验

为用作电子负载的双向源上电，确认 CAN 通信接口连接正常，在实时仿真机中运行所建测试科目，观察双向源的功率设置与仿真机是否一致。若一致，则载荷模拟实验成功，停止仿真运行；若不一致，则需要重新调试仿真与双向源的通信。

5）动态辐照下太阳能电池模拟实验

保持电子负载关闭，为光伏阵列模拟器上电，待初始化完成后，在实时仿真机中运行所建测试科目，从光伏阵列模拟器前面板显示屏观察太阳能电池参数的设置变化。若其与仿真机的设置保持一致，则实验成功，停止仿真运行；若不一致，则需要重新调试仿真与光伏阵列模拟器的通信。

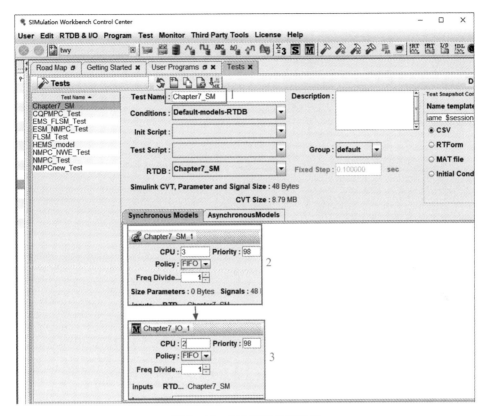

图 7 – 17　接口驱动程序示例

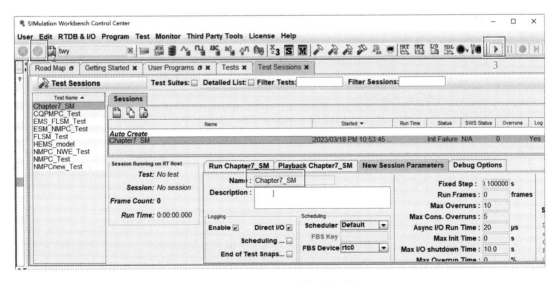

图 7 – 18　接口驱动程序示例

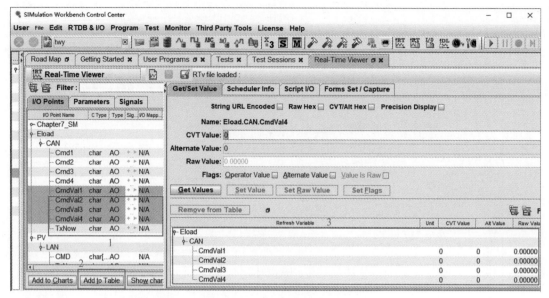

图 7 - 19　接口驱动程序示例

6）启动燃料电池并确认状态反馈正常

堵住氢气软管出口，打开高压氢气瓶的阀门，调节减压阀，将输出压力调节至燃料电池进气口的允许压力范围（0.5～0.6 bar）；手动脉冲式排气测试出口压力基本稳定后，插入燃料电池进氢口，启动燃料电池，听到三声连续排气后，燃料电池启动正常。然后，观察LCD 和串口助手，确认流量计流率和燃料电池电压显示正常。

7）设置 DC/DC 转换器的稳压初始值为 25 V

按 STM32 的【KEY1】键，将 DC/DC 转换器的输出电压设置为 25 V，通过电子负载显示面板观察 DC/DC 输出电压设置结果。若电压显示不正常，则再次按【KEY1】键进行设置。

8）接入 6S 锂电池，并确认电压和电流采集正常

将锂电池接入电路后，从显示屏和上位机串口助手数据栏窗口观察锂电池电流显示是否正常。此时，锂电池电流可以为负值，表示处于充电状态。

9）启动状态机能源管理算法

打开上位机的串口助手软件，打开串口接收，确认回传电流、电压等状态信息正常后，按【KEY0】键即可启动状态机能源管理算法。

10）光伏阵列模拟器和电子负载上电运行

启动光伏阵列模拟器和电子负载，并运行实时仿真机中所建的测试科目，开始全系统松耦合管理测试。

11）结束实验

待测试科目执行完毕后，单击串口助手界面的"保存窗口"按钮，将数据保存；然后，断开锂电池→断开光伏阵列模拟器→关闭电子负载→关闭 STM32 开发板电源；最后，关闭氢气瓶阀门，断开燃料电池进氢软管，并将管内剩余氢气排入氢气柜或室外。

5. 讨论与思考

（1）实验过程如何体现能源系统与飞行平台之间的松耦合特征？

（2）本实验与 6.3.5 节的实验有何区别和联系？请给出具体分析。

（3）如何在飞行任务中考虑能源系统状态的影响？

7.3.2　氢/锂混合能源无人机能源系统紧耦合管理与控制数学仿真实验

1. 实验目的

（1）了解紧耦合能源管理与控制的实施方法，理解紧耦合与松耦合能源管理的区别，体会紧耦合能源管理的优势。

（2）熟悉紧耦合能源管理最优控制问题的建立方法，了解非线性规划问题的求解方法，学习使用高斯伪谱法求解工具。

7.3.2 节实验参考程序

2. 实验内容

氢燃料电池/锂电池混合动力无人机紧耦合能源管理仿真。

3. 实验设备及软件

本实验所需的主要设备包括计算机、MATLAB 软件、最优控制问题求解工具包，详见表 7 – 3。

表 7 – 3　本实验所选用设备及软件

序号	类别 （设备/软件）	设备及软件名称	型号/规格
1	实验设备	计算机	Windows 10 操作系统，不小于 2 GB 内存
2	软件工具	MATLAB	建议 MATLAB 2019a 及以上版本
3	软件工具	最优控制问题求解工具包	GPOPS – II Radau 伪谱法工具包

4. 实验过程

1）建立仿真模型

根据 7.1 节和 7.2 节的模型分析，考虑无人机在二维铅垂面内的爬升过程，分析无人机的受力情况，如图 7 – 20 所示。

飞机抬头以爬升角 γ 和迎角 α 爬升飞行，其受力主要由升力 L、阻力 D、重力 W 和来自螺旋桨的拉力 T 组成。假设推力线与机身纵轴一致，由牛顿第二定律可推导在其飞行过程中的质心运动方程和刚体转动方程如下：

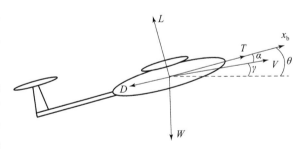

图 7 – 20　飞行过程受力分析

$$\dot{h} = v\sin\gamma$$

$$\dot{v} = \frac{T\cos\alpha - D}{m} - g\sin\gamma$$

$$\dot{\gamma} = \frac{T\sin\alpha + L}{vm} - \frac{g}{v}\cos\gamma$$

式中，h——爬升高度；

v——飞行速度；

m——无人机质量。

考虑到在飞行过程中能源与飞行平台状态之间的耦合关系，建立最少氢耗爬升的紧耦合最优控制模型，详见7.2.2.2节。无人机的质量和气动参数如表7-4所示。假定电池容量 $Q_b = 2$ Ah，电池内阻特性和螺旋桨气动特性参数曲线如图7-21所示。

表7-4　无人机的质量和气动参数

参数	取值	参数	取值
$C_L^\alpha/(\text{rad}^{-1})$	5.6106	b/m	2.9
C_{L0}	0.23	m/kg	13.5
C_{D0}	0.0434	R_p/m	0.254
S/m^2	0.55	e	0.75

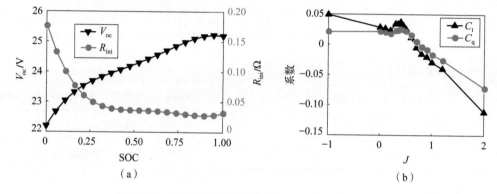

图7-21　电池内阻特性和螺旋桨气动特性参数曲线
(a) 锂电池开路电压和内阻随SOC的变化曲线；(b) 螺旋桨拉力系数和扭矩系数

2）建立仿真边界约束

假设燃料电池无人机由离地10 m爬升至指定高度并转平，爬升过程各边界约束取值如表7-5所示。

表7-5　边界约束取值范围

参数	取值范围	参数	取值范围
$[h_{\min}, h_{\max}]/\text{m}$	$[10,1000]$	$[\omega_{\min}, \omega_{\max}]/(\text{r} \cdot \text{m}^{-1})$	$[3200,6000]$
$[v_{\min}, v_{\max}]/(\text{m} \cdot \text{s}^{-1})$	$[20,30]$	$[P_{\text{fcmin}}, P_{\text{fcmax}}]/\text{W}$	$[0,600]$
$[\gamma_-, \gamma_+]/(°)$	$[-40,40]$	$[P_{\text{bmin}}, P_{\text{bmax}}]/\text{W}$	$[-500,1000]$
$[\text{SOC}_{\min}, \text{SOC}_{\max}]$	$[0.3,1.0]$	$[\dot{\gamma}_{\min}, \dot{\gamma}_{\max}]/[(°) \cdot \text{s}^{-1}]$	$[-5,5]$
$[\alpha_{\min}, \alpha_{\max}]/(°)$	$[-5,8]$		

3）安装 GPOPS – Ⅱ 求解工具包

下载工具包，再解压到工作文件夹，打开 MATLAB，运行 gpopsMatlabPathSetup. m 文件，即可完成安装。

4）编写求解程序

首先，编写主体程序 main. m，包括提供初始和终止边界条件、限制变量范围、设置状态和控制变量边界、给出初始猜测值、配置求解器，以及调用 GPOPS2 函数等；然后，编写模型函数，以及求解过程的模型约束。

5）求解与分析

将 main. m 文件和其他模型函数文件放置在同一文件夹下，运行 main. m 文件，即可得出仿真结果；然后，进行状态量和控制量的数据分析。

5. 讨论与思考

（1）实验过程如何体现能源系统与飞行平台之间的紧耦合特征？

（2）请进一步仿真分析爬升目标高度对能源管理结果的影响。

思 考 题

（1）什么是飞行任务与能源系统之间的松耦合控制方法？

（2）什么是飞行任务与能源系统之间的紧耦合控制方法？

（3）请分析本节松耦合和紧耦合之间的区别，并给出这两种方法的适用场景示例。

参 考 文 献

［1］ HAMAKAWA Y. Solar PV energy conversion and the 21st century's civilization ［J］. Solar Energy Materials and Solar Cells, 2002, 74 (1/2/3/4): 13 – 23.

［2］ ABBASI T, ABBASI A S. 'Renewable' hydrogen: prospects and challenges ［J］. Renewable and Sustainable Energy Reviews, 2011, 15 (6): 3034 – 3040.

［3］ NOTH A. History of solar flight ［D］. Zurich: ETH Zurich, 2008.

［4］ NONE A. Helios solar/fuel cell aircraft crashes ［J］. Fuel Cells Bulletin, 2003 (8): 1 – 6.

［5］ IRVING F, MORGAN D. The feasibility of an aircraft propelled by solar energy ［C］//The 2nd International Symposium on the Technology and Science of Low Speed and Motorless Flight, 1974: 1 – 10.

［6］ BOUCHER R J. Project sunrise ［C］//The 15th Joint Propulsion Conference, Teston, 1979: 1 – 6.

［7］ BOUCHER R J. Starduster: a solar powered high altitude airplane ［C］//The 21st Joint Propulsion Conference, 1985: 1 – 9.

［8］ BOUCHER R J. History of solar flight ［C］//The 20th Joint Propulsion Conference, 1984: 1 – 14.

［9］ NASA. NASA Armstrong fact sheet: Helios prototype ［EB/OL］. (2014 – 02 – 28) ［2023 – 07 – 10］. http://www.nasa.gov/centers/armstrong/news/FactSheets/FS – 068 – DFRC.html.

［10］ NOLL T E, BROWN J M, PEREZ – DAVIS M E, et al. Investigation of the Helios prototype aircraft mishap ［R］. Hampton: NASA, 2004.

［11］ SWIDER – LYONS K, STROMAN R O, PAGE G S, et al. The Ion Tiger fuel cell unmanned air vehicle ［C］//The 44th Power Sources Conference, 2010 (4): 561 – 563.

［12］ STROMAN R O, EDWARDS D J, JENKINS P, et al. The Hybrid Tiger: a long endurance solar/fuel cell/soaring unmanned aerial vehicle ［C］//The 48th Power Sources Conference, 2018: 317 – 320.

［13］ LAURENZO R. Soaring on a Solar Impulse ［J］. Aerospace America, 2009, 47 (5): 32 – 36.

［14］ WILLIAMS H. High – flying bird: Zephyr remains in the vanguard of solar – powered flight ［J］. Jane's International Defense Review, 2017, 50 (8): 56 – 59.

［15］ WHITTINGHAM M S. Electrical energy storage and intercalation chemistry ［J］. Science, 1976, 192 (4244): 1126 – 1127.

［16］ 黄可龙, 王兆翔, 刘素琴. 锂离子电池原理与关键技术 ［M］. 北京: 化学工业出版社, 2008.

［17］杨绍斌，胡浩权. 锂离子电池［J］. 辽宁工程技术大学学报，2000，19（6）：659－663.

［18］DUFFIE J A，BECKMAN W A. Solar engineering of thermal processes［M］. 4th ed. New York：John Wiley & Sons，Inc，2013.

［19］GREEN M A，EMERY K，HISHIKAWA Y，et al. Solar cell efficiency tables［J］. Progress in Photovoltaics Research and Applications，2012，18（1）：12－20.

［20］梁启超，乔芬，杨健，等. 太阳能电池的研究现状与进展［J］. 中国材料进展，2019，38（5）：505－511.

［21］DOUGLAS D L，LIEBHAFSKY H A. Fuel cells：history，operation，and applications［J］. Physics Today，1960，13（6）：26－30.

［22］衣宝廉. 燃料电池［M］. 北京：化学工业出版社，2000.

［23］刘莉，曹潇，张晓辉，等. 轻小型太阳能/氢能无人机发展综述［J］. 航空学报，2020，41（3）：6－33.

［24］席涵宇，王正平，张晓辉，等. "双碳"战略下绿色能源无人机的发展机遇和挑战［J］. 无人系统技术，2023，6（1）：14－25.

［25］张晓辉，刘莉，戴月领，等. 燃料电池无人机动力系统方案设计与试验［J］. 航空学报，2018，39（8）：162－171.

［26］沈颂华. 电气工程：航空航天器供电系统［M］. 北京：北京航空航天大学出版社，2005.

［27］李延平. 太阳能/氢能混合动力小型无人机总体设计［D］. 北京：北京理工大学，2014.

［28］张晓辉. 燃料电池混合动力无人机能源管理研究［D］. 北京：北京理工大学，2018.

［29］杜孟尧. 太阳能/氢能混合动力小型无人机设计及关键技术研究［D］. 北京：北京理工大学，2015.

［30］贺云涛，王正平，张晓辉. 多电混合动力与能源管理教学实验平台建设［J］. 实验技术与管理，2018，35（10）：174－176.

［31］张晓辉，刘莉，贺云涛，等. 新能源飞行器能源管理与控制实验教学方法探索［J］. 实验技术与管理，2023（S1）：12－15.

［32］李业梅，吴云，程亚梅. 无机化学［M］. 武汉：华中科技大学出版社，2010.

［33］杨德才. 锂离子电池安全性：原理、设计与测试［M］. 成都：电子工业大学出版社，2012.

［34］张正华，李陵岚，叶楚平，等. 有机太阳电池与塑料太阳电池［M］. 北京：化学工业出版社，2006.

［35］RICHARD M. Swanson，photovoltaics power up［J］. Science，2009（324）：891－892.

［36］邢运民，陶永红. 现代能源与发电技术［M］. 西安：西安电子科技大学出版社，2007.

［37］刘刚，王正平，刘莉，等. 考虑局部遮挡的太阳能无人机能源控制［J］. 航空学报，2020，41（3）：97－108.

［38］刘倩. 燃料电池无人机电堆控制系统研究［D］. 北京：北京理工大学，2019.

［39］向乾，张晓辉，王正平，等. 适用无人机的小型燃料电池控制方法［J］. 航空学报，2021，42（3）：92 – 103.

［40］戴月领，刘莉，张晓辉. 燃料电池无人机动力系统半实物仿真［J］. 北京航空航天大学学报，2020，46（2）：439 – 446.